力　言◎编著

现代电工实用技术

XIANDAI DIANGONG SHIYONGJISHU

用新技术、新方法、新工具解决现代电工技术问题。

中国农业出版社

图书在版编目（CIP）数据

现代电工实用技术 / 力言编著. —北京：中国农业出版社，2014. 12

ISBN 978-7-109-20064-7

Ⅰ. ①现… Ⅱ. ①力… Ⅲ. ①电工技术-基本知识 Ⅳ. ①TM

中国版本图书馆 CIP 数据核字（2015）第 006082 号

中国农业出版社出版
（北京市朝阳区麦子店街 18 号楼）
（邮政编码 100125）
策划编辑 刘 玮 黄向阳
文字编辑 李兴旺

北京万友印刷有限公司印刷 新华书店北京发行所发行
2016 年 9 月第 1 版 2016 年 9 月北京第 1 次印刷

开本：910mm×1280mm 1/32 印张：7
字数：200 千字
定价：26. 80 元

Preface

现在，各行各业、日常生活中的用电设备和电气产品日新月异，层出不穷。与此同时，电工新技术、新工艺、新方法、新产品、新技能也在不断更新换代和提升，电工的队伍也在日益壮大。为了让广大电工对这些新变化更快、更好地适应，加强和提高专业技术水平，我们编写了《现代电工实用技术》这本书。

本书的内容是根据广大电工的实际应用和需要而编写的，主要介绍了电工实用知识和操作技术，具体包括电工基础知识、电工材料的选择和使用、常用电工仪表与测量、常用电子元器件、电工设备、常用配电线路、照明、安全用电等。本书内容丰富，简明实用，可操作性强，通俗易懂，并且还注意内容的先进性，如书中介绍的电工产品大多是经过国家有关部门鉴定的新产品。

在编写形式方面，本书尽量采用多插图立体化、多数据表格化的形式。这样，读者既可以形象地感知和理解内容，从而很快地掌握内容，又可以很方便地查找内容。

总之，本书以实际应用为宗旨，可操作性强，内容全面、新颖，非常适合广大电工和电工爱好者阅读和使用，也可作为电工上岗培训教材。

虽然在本书编写过程中参阅了大量的资料和文献，但由于编者水平有限，书中难免有不妥之处，欢迎广大读者批评指正。

Contents

第一章 电工基础知识

第一节 电与电路

电是什么？电流是什么？电路是什么？这类问题是每一个电工都必须知道并且需要牢牢掌握的入门知识。

一、电

（一）电流

1. 电流的形成和特点

电流是电荷有规则地定向运动形成的。在金属导体中，自由电子有规则地定向运动，就会形成电流；在一些气体和液体导体中，正离子和负离了有规则地定向运动也会形成电流。

电流有时是恒定的，有时也会随着时间变化。据此，电流可分为恒定电流和交流电流两种。恒定电流又简称为直流，它是大小和方向都不随时间变化的电流，用 I 表示。与之相对，交流电流是指大小和方向都随时间变化的电流，用 i 表示。

2. 电流的单位

国际单位制中，电流的单位是 A（安培，简称安）。除此之外，常用的电流单位还有很多，如 kA（千安）、mA（毫安）和 μA（微安）等。它们之间的关系是：1kA = 1 000A，1A = 1 000mA，1mA = 1 000μA。

我们还应该知道一些与电流相关的国际单位，如电荷的单位是库仑，简称库，用C表示；时间的单位是秒，用s表示。

3. 电流的大小和方向

通过测量单位时间内通过导体截面的电荷量，可以知道电流的大小。例如，在1s内，如果有1C电荷量通过导体截面，那么，称在该导体中通过的电流为1A。

一般来讲，电流的实际方向就是正电荷定向移动的方向。

（二）电路

1. 电路的形成

电路就是电流所经过的路径。电路是由电源、导线、负载这三个基本部分组成的。图1.1所示是一个简单的白炽灯电路。在图1.1中，电源是干电池，它将化学能转变成电能。负载是白炽灯，可以用来将电能转变成热能和光能。控制元件是开关，电路的接通与断开都是由它控制的。另外，连接导线用来传输电能，它和连接导线一起被称为中间环节。

2. 电路的功能

（1）实现能量产生、传输与分配

电力系统的输电线路是最典型的例子。在电力电路中，发电厂会将不同形式的能量，如热能、光能、原子能或水的势能等转变成电能；负载则会将电能转变为光能、热能或机械能等；中间环节，如高低压输电线路、变压器，会控制、传输和分配电能，同时保护电路中的电器设备。

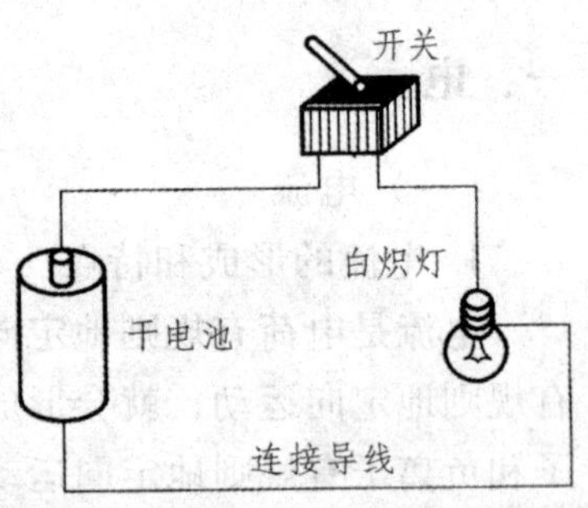

图1.1　白炽灯电路

（2）实现信息传递与处理

在这类电路中，电源可以提供的能量是非常有限的，一般情况下，它用作信号，被称为信号源或激励；各种终端设备，如收音机的扬声器、电话系统的电话机等，会起负载作用。这类电路要传递的是各种信息，其中，电路的输出信号又被称为响应。这类电路往往都有比较复杂的中间环节，主要起的是信号的处理、控制、放大和传输等作用。

3. 电路模型

一般情况下，电路的分析与计算十分不便，因为构成电路的设备、元器件以及导线的电磁性质都是比较复杂的，另外，按照实物绘制电路也十分烦琐。因此，为了方便分析电路，有时，实际器件的次要因素往往都会被忽略，同时按主要的因素将它理想化，以得到一系列的理想化元件，也可称之为模型。

图 1. 2 所示的是图 1. 1 的电路模型。在图 1. 2 中，干电池的电动势用理想电压源 E 表示，电池的内阻用 R_0 表示，白炽灯泡用 R_L 表示，开关用 S 表示，理想导线是连接元件的细实线。

（三）电位和电压

在电路或静电场中，在电场力的作用下，单位正电荷从无穷远（零电位）向某点电场力移动的过程中所做的功，就是该点的电位。如果电路两点间的电位不一样，那么，这两个电位的差值就被称为电路两点的电压。伏特是电压的单位，简称为伏，用 V 来表示，电压的量用符号 U 来表示。

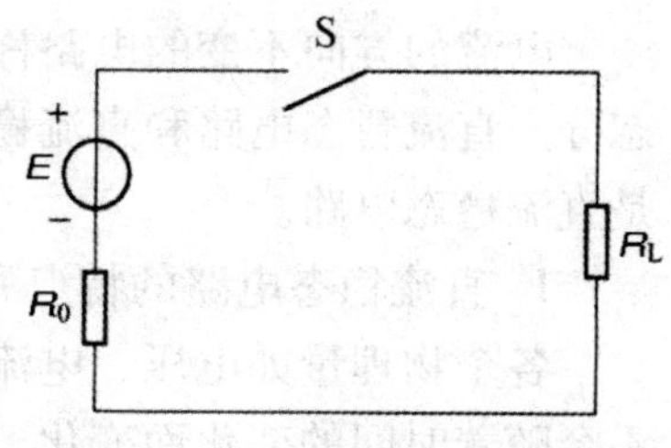

图 1. 2　白炽灯电路模型

（四）电动势

电源是电荷在电路中运动动力的来源。低电位是电源的负极，高电位是正极，电源会通过电源内部，从低电位把电荷向高电位搬运。电源的电动势就是反映电源搬运电荷能力的物理量。电动势的单位与电位和电压一样也是伏，E 是电动势的量的符号。

（五）电阻

电荷在物体中运动所受到的阻力称为电阻，它是物质本身所具有的导电特性。

1. 电阻的分类

自然界的物质按导电特性可以分为以下几类：第一类为各类金属

等易导电的导体；第二类为塑料、橡胶、木材等不容易导电的绝缘体；第三类为硅、锗等介于以上两者之间的半导体。

2. 电阻的单位

电阻的单位是欧姆，简称为欧（Ω），电阻的量的符号是 R。另外，电阻还有一些其他的单位，如千欧（kΩ）、兆欧（MΩ）。它们之间的关系是 1kΩ = 1 000Ω，1MΩ = 1 000 000Ω。

3. 电阻的特点

一般情况下，温度越高，金属导体的电阻值越大。

二、直流电路和交流电路

（一）直流电路

电流的方向不变的电路称为直流电路。直流电路可以按照工作状态分为直流暂态电路和直流稳态电路。我们平时所说的直流电路指的是直流稳态电路。

1. 直流稳态电路的特点和组成

各个物理量如电压、电流等，在直流稳态电路中的大小、方向都不会随着时间的变化而变化，而是始终在稳定状态下工作。一般情况下，直流电源和电阻器是组成直流稳态电路的必要部分。

2. 直流暂态电路的特点和组成

在直流暂态电路中，随着时间的变化，各个物理量的大小也会发生变化，但是方向不会改变，而是工作在由一种稳态过渡到另一种稳态的状态。直流暂态电路除了包含直流稳态电路必要的电阻器、直流电源外，还包含电容器或电感器。

3. 直流电源

在生活生产中，常用到的直流电源主要有蓄电池、干电池、直流发电动机和电子整流电源等。

（二）交流电路

由周期性交变电源激励的、处于稳态的线性时不变的电路称为交流电路。交流电路的应用是十分广泛的，通常主要有三相交流电路和正弦交流电路等。

1. 正弦交流电路

正弦交流电路又称单相交流电路，它由两条电源线将电源与负载连起来。正弦交流电路广泛运用于生产、生活、科研等领域。正弦交流电有以下三个要素：

（1）瞬时值

瞬时值是指正弦交流电在某一时刻的值，其特点是时间变化，瞬时值也会随之而变化。瞬时值一般用小写字母表示，如 u、i 等。

（2）最大值

最大值是瞬时值中数值最大的值，又被称为幅值、峰值，一般用大写字母加下标 m 来表示最大值，如 U_m、I_m 等。

（3）有效值

有效值指按照电流的热效应把正弦交流电折算成直流电后的大小。我们通常用有效值来描述正弦交流电的大小。例如，电流表、交流电压表的读数和交流电气设备铭牌上标注的电压、电流等。220V 和 380V 分别指生活用电（民用电）的有效值和生产用电（动力电）的有效值。

2. 三相交流电路

三相交流电路广泛应用于实际的电力系统，其特点是按照一定的连接方式，由三个幅值、频率相同，且相位互差 120° 的三相交流电源给负载供电。

三相交流电路和单相交流电路相比，有以下几点优越性：

（1）在相同的输送功率、距离、电压和线路损耗下，三相输电线路可以节省大量的输电成本与有色金属，其用铜量约占单相输电线路的 3/4。

（2）三相交流发电机比相同容量的单相交流发电机体积小、质量轻、成本低。

（3）三相变压器不仅比单相变压器更经济，而且有两种输出电压，既可以连接三相负载，又可以连接单相负载。

（4）较之单相交流电路，三相电源适合为三相电动机供电，因为它产生旋转磁场更容易。而且，三相电动机比相同容量的单相电动机结构简单，工作可靠，价格低廉，性能良好，运行平稳，效率高。

第二节　电工常用计算公式和计量单位

一、交流电路常用计算公式

交流电路常用计算公式见表 1.1。

表 1.1　交流电路常用计算公式

<table>
<tr><th>名称</th><th>定义</th><th>公式</th><th>备注</th></tr>
<tr><td>周期</td><td>交流电完成一次周期性变化所需的时间称为周期，用英文字母 T 表示</td><td>$T=\frac{1}{f}=\frac{2\pi}{\omega}$</td><td rowspan="3">$T$——周期，单位为秒(s)
f——频率，单位为赫兹，简称赫(Hz)
ω——角频率，单位为弧度/秒(rad/s)</td></tr>
<tr><td>频率</td><td>单位时间(1s)内交电流变化所完成的循环(或周期)称为频率，用英文字母 f 表示</td><td>$f=\frac{1}{T}=\frac{\omega}{2\pi}$</td></tr>
<tr><td>角频率</td><td>角频率相当于一种角速度，它表示了交流电每秒变化的弧度数，角频率用希腊字母 ω 表示</td><td>$\omega=2\pi f=\frac{2\pi}{T}$</td></tr>
</table>

（续）

<table>
<tr><th>名称</th><th>定义</th><th>公式</th><th>备注</th></tr>
<tr><td>瞬时值</td><td>正弦交流电的数值是不断变化的，在任一瞬间的数值就称为瞬时值，一般用小写字母表示</td><td>$i=I_{max}\sin(wt+\varphi)$
$u=U_{max}\sin(wt+\varphi)$
$e=E_{max}\sin(wt+\varphi)$</td><td rowspan="3">$i$——电流瞬时值，单位为安(A)
u——电压瞬时值，单位为伏(V)
e——电动势瞬时值，单位为伏(V)
I_{max}——电流最大值(A)
U_{max}——电压最大值(V)
E_{max}——电动势最大值(V)
I——电流有效值(A)
U——电压有效值(V)
E——电动势有效值(V)
ω——角频率，单位为弧度/秒(rad/s)
t——时间，单位为秒(s)
φ——初相位或初相角，简称初相，单位为弧度(rad)，在电工学中，用度(°)作为相位的单位，1rad=57.2958°</td></tr>
<tr><td>最大值</td><td>在正弦交流电的瞬时值中的最大值（或振幅）称为正弦交流电的最大值或振幅值，用大写字母并在右下角注 max 表示</td><td>$I_{max}=\sqrt{2}I=1.414I$
$U_{max}=\sqrt{2}U=1.414U$
$E_{max}=\sqrt{2}E=1.414E$</td></tr>
<tr><td>有效值</td><td>在两个相同的电阻器中，分别通以直流电和交流电。经过同一时间，如果它们在电阻器上所产生的热量相等，那么就把此直流电的大小定为此交流电的有效值。正弦交流电的有效值等于它的最大值的 0.707 倍。有效值用大写字母表示</td><td>$I=\frac{I_{max}}{\sqrt{2}}=0.707I_{max}$
$U=\frac{U_{max}}{\sqrt{2}}=0.707U_{max}$
$E=\frac{E_{max}}{\sqrt{2}}=0.707E_{max}$</td></tr>
</table>

（续）

<table>
<tr><th>名称</th><th>定义</th><th>公式</th><th>备注</th></tr>
<tr><td>阻抗</td><td>当交流电流流过具有电阻、电容、电感的电路时，电阻、电容、电感三者具有阻碍电流流过的作用，这种作用称为阻抗，用英文字母 Z 表示。阻抗是电压有效值和电流有效值的比值</td><td>$Z=\sqrt{R^2+(X_L-X_C)^2}=\frac{U}{I}$</td><td rowspan="3">$U$——阻抗两端的电压，单位为伏(V)
I——电路中的电流，单位为安(A)
Z——电路中的阻抗，单位为欧(Ω)
R——电阻，单位为欧(Ω)
X_L——感抗，单位为欧(Ω)
Xc——容抗，单位为欧(Ω)
ω——角频率，单位为弧度/秒(rad/s)
f——频率，单位为赫(Hz)
L——电感，单位为亨利，简称亨(H)
C——电容，单位为法拉，简称法(F)</td></tr>
<tr><td>感抗</td><td>交流电通过具有电感线圈的电路时，电感有阻碍交流电通过的作用，这种阻碍作用称为感抗，用英文字母 X_L 表示</td><td>$X_L=\omega L=2\pi fL$</td></tr>
<tr><td>容抗</td><td>交流电通过具有电容的电路时，电容有阻碍交流电通过的作用，这种阻碍作用称为容抗，用英文字母 X_C 表示</td><td>$X_C=\frac{1}{wC}=\frac{1}{2\pi fC}$</td></tr>
</table>

（续）

名称	定义	公式	备注
电阻、电感串联的阻抗		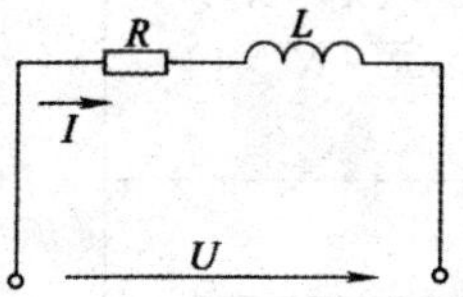 $Z=\sqrt{R^2+X_L^2}$	Z——阻抗，单位为欧（Ω） R——电阻，单位为欧（Ω） X_L——感抗，单位为欧（Ω） X_C——容抗，单位为欧（Ω） X——电抗，单位为欧（Ω） $X=X_L-X_C$ 当 $X_L>X_C$ 时，电路呈电感性 当 $X_L<X_C$ 时，电路呈电容性
电阻、电容串联的阻抗		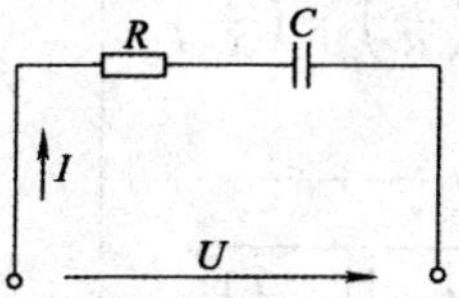 $Z=\sqrt{R^2+X_C^2}$	

（续）

名称	定义	公式	备注
电阻、电感、电容串联的阻抗		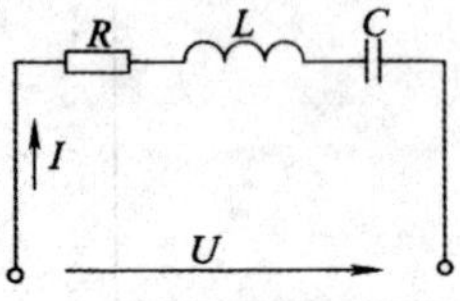 $Z=\sqrt{R^2+(X_L-X_C)^2}$ $=\sqrt{R^2+X^2}$	Z——阻抗，单位为欧（Ω） R——I 电阻，单位为欧（Ω） X_L——感抗，单位为欧（Ω） X_C——容抗，单位为欧（Ω） X——电抗，单位为欧（Ω） $X=X_L-X_C$ 当 $X_L>X_C$ 时，电路呈电感性 当 $X_L<X_C$ 时，电路呈电容性
电阻、电感并联的阻抗		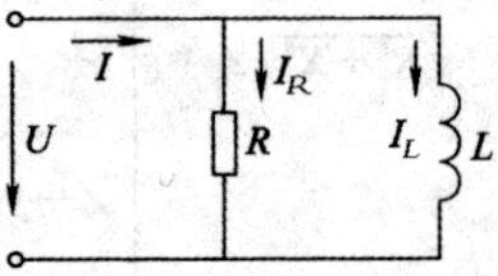 $\frac{1}{Z}=\sqrt{\left(\frac{1}{R}\right)^2+\left(\frac{1}{X_L}\right)^2}$	
电阻、电容并联的阻抗		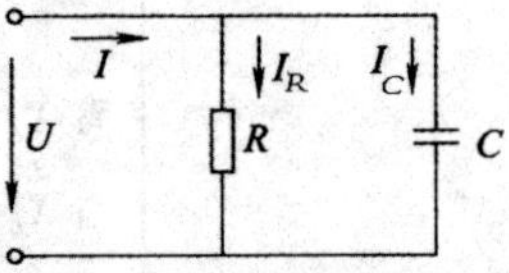 $\frac{1}{Z}=\sqrt{\left(\frac{1}{R}\right)^2+\left(\frac{1}{X_C}\right)^2}$	
电阻、电感、电容并联的阻抗		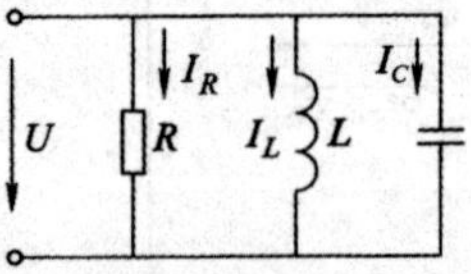 $\frac{1}{Z}=\sqrt{\left(\frac{1}{R}\right)^2+\left(\frac{1}{X_L-X_C}\right)^2}$ $=\sqrt{\left(\frac{1}{R}\right)^2+\left(\frac{1}{X}\right)^2}$	

（续）

名称	定义	公式	备注
相电压	三相交流电路中，三相输电线（相线）与中性线之间的电压称为相电压，用符号 U_φ 表示	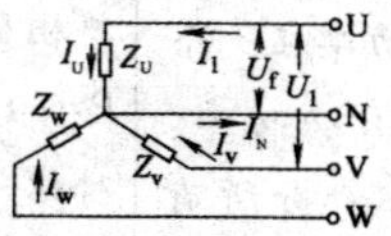 $U_1=\sqrt{3}U_\phi$　$I_1=I_\phi$	U_1——线电压，单位为伏（V） U_φ——相电压，单位为伏（V） I_1——线电流，单位为安（A） I_φ——相电流，单位为安（A）
相电流	三相交流电路中，每相负载中流过的电流称为相电流，用符号 I_φ 表示		
线电压	三相交流电路中，三相输电线（相线）与各线之间的电压称为线电压，用符号 U_1 表示	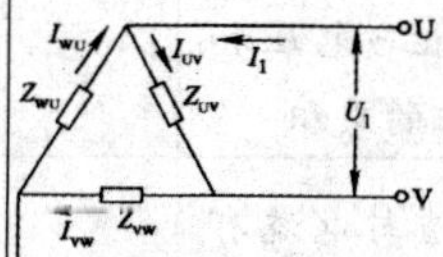 $U_1=U_\phi$　$I_1=\sqrt{3}I_\phi$	
线电流	三相交流电路中，三相输电线（相线）与各线之间的电流称为线电流，用符号 I_1 表示		

（续）

名称	定义	公式	备注
视在功率	在具有电阻和电抗的交流电路中，电压有效值与电流有效值的乘积称为视在功率，用英文字母 S 表示，单位为伏安（V·A）	单相交流电路： $S=UI$ 对称三相交流电路： $S=3U_{\varphi}I_{\varphi}=\sqrt{3}U_1I_1$	U——电压有效值，单位为伏（V） I——电流有效值，单位为安（A） U_{φ}——相电压，单位为伏（V） I_{φ}——相电流，单位为安（A） U_1——线电压，单位为伏（V） I_1——线电流，单位为安（A） φ——相电压与相电流的相位差 $\cos\varphi$——功率因数 S——视在功率，单位为伏安（V·A） P——有功功率，单位为瓦（W） Q——无功功率，单位为乏（var）
有功功率	在交流电路中，交流电的瞬时功率不是一个恒定值，瞬时功率在一个周期内的平均值称为有功功率。它是指交流电路中电阻部分所消耗的功率，用英文字母 P 表示，单位为瓦（W）	单相交流电路： $P=UI\cos\varphi$ 对称三相交流电路： $P=3U_{\varphi}I_{\varphi}\cos\varphi=\sqrt{3}U_1I_1\cos\varphi$	
无功功率	在具有电感（或电容）的交流电路中，电感（或电容）在半个周期的时间内把电源的能量变成磁场（或电场）的能量储存起来，在另外半个周期的时间里又把储存的磁场（或电场）能量送回给电源。它们只是与电源进行能量交换，并没有真正消耗能量，故此功率称为无功功率，用英文字母 Q 表示，单位为乏（var）。无功功率在数值上等于电压有效值和电流有效值与电压和电流的相位差 φ 的正弦的乘积	单相交流电路： $Q=UI\sin\varphi$ 对称三相交流电路： $Q=3U_{\varphi}I_{\varphi}\sin\varphi=\sqrt{3}U_1I_1\sin\varphi$	
功率因数	交流电路中电压有效值与电流有效值的乘积为视在功率，而真正起到做功的作用一部分功率（即有功功率）将小于视在功率。有功功率与视在功率之比称为功率因数，用 $\cos\varphi$ 表示。功率因数只与电路的参数（电阻、感抗、容抗）和频率有关，与电压、电流的大小无关	单相交流电路： $\cos\varphi=\dfrac{P}{S}$	

二、直流电路常用计算公式

直流电路常用计算公式见表1.2。

表1.2 直流电路常用计算公式

名称	定义	公式	备注
电阻	导体能够导电,但同时对电流又有阻力作用。这种阻碍电流通过的阻力称为电阻,用英文字母R或r表示	$R=\rho\frac{l}{A}$	l——导体的长度,单位为米(m) A——导体的截面积,单位为平方米(m^2) ρ——导体的电阻率,单位为欧·米(Ω·m) R——导体的电阻,单位为欧(Ω)
电导	表征物体传导电流的能力称为电导。电导是电阻的倒数,用英文字母G表示	$G=\frac{1}{R}$	R——电阻,单位为欧(Ω) G——电导,单位为西门子,简称西(S)
电流	导体内的自由电子或离子在电场力的作用下有规律的流动称为电流。人们规定正电荷移动的方向为电流的正方向。电流用英文字母I表示	$I=\frac{Q}{t}$	Q——电量,单位为库仑,简称库(C) t——时间,单位为秒(s) I——电流,单位为安培,简称安(A)

（续）

名称	定义	公式	备注
电压	在静电场或电路中，单位正电荷在电场力作用下从一点移到另一点电场力所做的功称为两点间的电压。电压用英文字母 U 表示。电压的正方向是从高电位到低电位	$U=\frac{W}{Q}$	W——电能，单为焦耳，简称焦(J) Q——电量，单位为库(C) U——电压，单位为伏特，简称伏(V)
部分电路的欧姆定律	在一段不含电动势只有电阻的电路中，流过电阻的电流大小与加在电阻两端的电压成正比，而与电路中的电阻成反比	$I=\frac{U}{R}$ 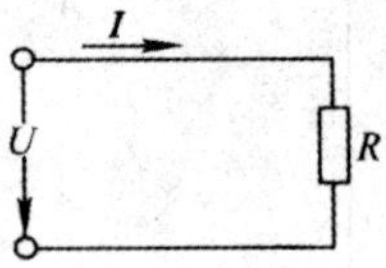	U——电压，单位为伏(V) R——电阻，单位为欧(Ω) I——电流，单位为安(A)
全电路的欧姆定律	在只有一个电源的无分支闭合电路中，电流与电源电路的总电阻成反比	$I=\frac{E}{R+r_0}$ 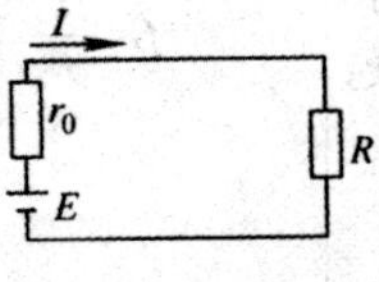	E——电源电动势，单位为伏(V) R——负载电阻，单位为欧(Ω) r_0——电源的内电阻，单位为欧(Ω) I——电路中电流，单位为安(A)
电功率	一个用电设备在单位时间内所消耗的电能称为电功率，用英文字母 P 表示	$P=\frac{W}{t}=IU$ $=I^2R=\frac{U^2}{R}$	W——电能，单位为焦(J) t——时间，单位为秒(s) I——电路中的电流，单位为安(A) R——电路中的电阻，单位为欧(Ω) U——电路两端的电压，单位为伏(V) P——电路的电功率，单位为瓦特，简称瓦(W)

（续）

名称	定义	公式	备注
电阻串联		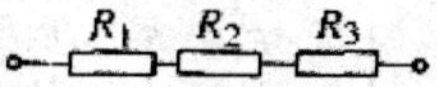 $R=R_1+R_2+R_3$	
电阻并联		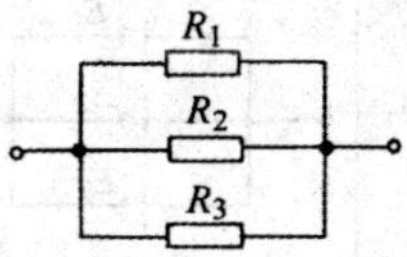 $\frac{1}{R}=\frac{1}{R_1}+\frac{1}{R_2}+\frac{1}{R_3}$	R——总电阻，单位为欧（Ω） R_1、R_2、R_3——分电阻，单位为欧（Ω）
电阻混联		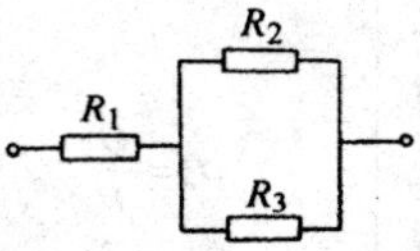 $R=R_1+\frac{R_2R_3}{R_2+R_3}$	
电阻与温度的关系	通常金属的电阻都随温度的上升而增大，故电阻温度系数是正值。而有些半导体材料、电解液，当温度升高时，其电阻减小，因此它们的电阻温度系数是负值	$R_2=R_1[1+\alpha_1(t_2-t_1)]$	R_1——温度为 t_1 时导体的电阻，单位为欧（Ω） R_2——温度为 t_2 时导体的电阻，单位为欧（Ω） α_1——以温度 t_1 为基准时导体的电阻温度系数，单位为摄氏度$^{-1}$（℃$^{-1}$） t_1、t_2——导体的温度，单位为摄氏度（℃）

（续）

名称	定义	公式	备注
电源串联		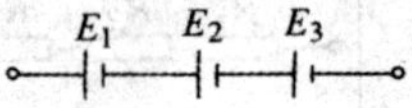 E_1 E_2 E_3 $E=E_1+E_2+E_3$	E——总电源电动势，单位为伏(V) E_1、E_2、E_3——分电源电动势，单位为伏(V)
电源并联		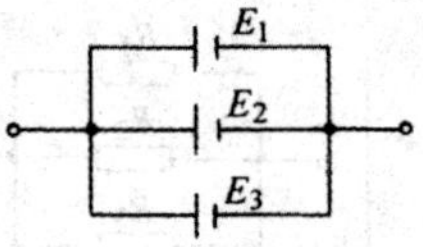 E_1 E_2 E_3 $E=E_1=E_2=E_3$	
电容	电容是表征电容器在单位电压作用下，存储电场能量（电荷）能力的一个物理量。其大小只取决于电容器自身的结构。在数值上等于电容器所带的电荷量与其两极之间电位差（电压）的比值。电容用英文字母 C 表示	$C=\frac{Q}{U}$	Q——电容器所带电量，单位为库(C) U——电容器两端电压，单位为伏(V) C——电容器的电容量，单位为法拉，简称法(F)
电容串联		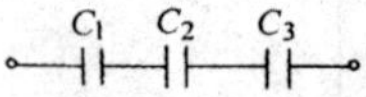 C_1 C_2 C_3 $\frac{1}{C}=\frac{1}{C_1}+\frac{1}{C_2}+\frac{1}{C_3}$	C——总电容，单位为法(F) C_1、C_2、C_3——分电容，单位为法(F)
电容并联		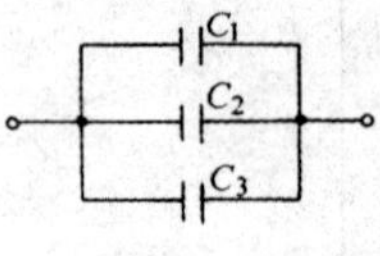 C_1 C_2 C_3 $C=C_1+C_2+C_3$	

（续）

名称	定义	公式	备注
基尔霍夫第一定律（节点电流定律）	对于任何节点而言，流入节点的电流总和必定等于流出节点的电流总和，或认为：对于任何节点，流出和流入该节点的电流的代数和恒等于零	$\sum I_{入}=\sum I_{出}$或$\sum I=0$ 例： 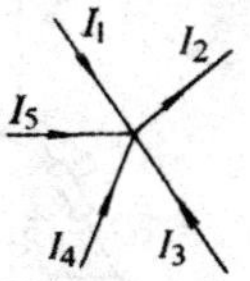 I_1 I_2 I_5 I_4 I_3 $I_1+I_3+I_4+I_5=I_2$或 $I_1-I_2+I_3+I_4+I_5=0$	$\sum I_{入}$——流入节点电流之和 $\sum I_{出}$——流出节点电流之和 $\sum I$——电流代数和
基尔霍夫第二定律（回路电压定律）	对于电路中任何一个闭合回路，回路中的各电阻上电压降的代数和等于各电动势的代数和	$\sum IR=\sum E$ 例： 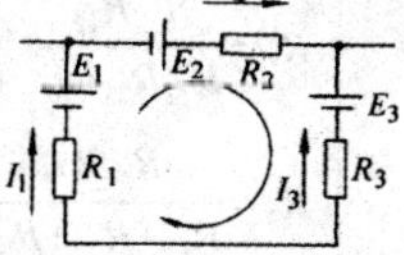 I_2 E_1 E_2 R_2 E_3 I_1 R_1 I_3 R_3 $I_1R_1+I_2R_2-I_3R_3=E_1+E_2-E_3$	$\sum IR$——电阻上电压降的代数和。电流的参考方向与回路绕行方向一致时，该电阻上的电压降取正值，反之取负值 $\sum E$——电动势代数和。电动势的参考方向与回路绕行方向一致时，该电动势取正值，反之取负值

（续）

名称	定义	公式	备注
星形连接与三角形连接的电阻互换关系		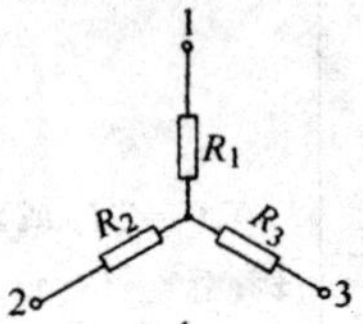 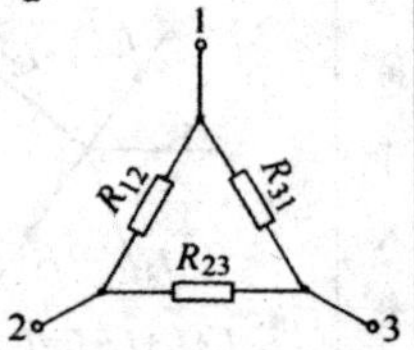 电阻星形连接等效变换为三角形连接： $R_{12}=R_1+R_2+\frac{R_1R_2}{R_3}$ $R_{23}=R_2+R_3+\frac{R_2R_3}{R_1}$ $R_{31}=R_3+R_1+\frac{R_3R_1}{R_2}$ 电阻三角形连接等效变换为星形连接： $R_1=\frac{R_{12}R_{31}}{R_{12}R_{23}R_{31}}$ $R_2=\frac{R_{23}R_{12}}{R_{12}R_{23}R_{31}}$ $R_3=\frac{R_{31}R_{23}}{R_{12}+R_{23}+R_{31}}$	R_1、R_2、R_3——星形连接的电阻 R_{12}、R_{23}、R_{31}——三角形连接的电阻

三、电工常用法定计量单位与换算

电工常用法定计量单位与换算见表 1. 3。

表 1.3 电工常用法定计量单位

量的名称和符号		单位的名称和符号		应废除的单位名称和符号	换算或说明
名称	符号	名称	符号		
长度 宽度 高度 厚度 半径 直径 距离	$l(L)$,b, h,$\delta(d,t)$ $R(r)$, $D(d)$,s	千米 米 分米 厘米 毫米 微米	km m dm cm mm μm	公尺,M 公寸 公分,c/m 公厘,MM,m/m 公微,μ,μM,mμ	1km = 1 000m 1m = 10dm 1dm = 10cm 1cm = 10mm 1mm = 1 000μm
面积	$A(S)$	平方米	m^2	平方公尺,平米,M^2	
体积 容积	V	立方米 升 毫升	m^3 L mL	公方,立米,M^3 立升,公升 cc,c.c	$1L = 10^{-3}m^3$ $1mL = 10^{-3}L$
平面角	α,β, γ,φ, θ等	弧度 度 分 秒	rad ° ′ ″	弪	“度”应优先使用十进制小数,其符号标于数字之后,例如15.27°
立体角	Ω、w	球面度	sr		
时间	t	日 [小]时 分 秒	d h min s	hr (′) sec,(″)	1d = 24h = 86 400s 1h = 60min = 3 600s 1min = 60s
旋转速度	n	转每分	r/min	rpm,r.p.m	
角速度	w	弧度每秒	rad/s		
角加速度	α	弧度每二次方秒	rad/s^2		
速度	v	米每秒	m/s		
加速度	a	米每二次方秒	m/s^2		

（续）

量的名称和符号		单位的名称和符号		应废除的单位名称和符号	换算或说明
名称	符号	名称	符号		
质量（重量）	m	吨 千克	t kg	公吨，T KG，KgS，Kg	1t＝1 000kg 生活中，质量习惯称为重量
周期	T	秒	s		$T=\frac{1}{f}$
频率	f	赫［兹］ 千赫［兹］ 兆赫［兹］	Hz kHz MHz	周，C 千周，kC 兆周，MC	$1MHz=10^3kHz$ $1kHz=10^3Hz$ $f=\frac{1}{T}$
角频率	ω	弧度每秒	rad/s		$\omega=2\pi f$
密度	ρ	千克每立方米 吨每立方米 千克每升	kg/m^3 t/m^3 kg/L		$1t/m^3=1\ 000kg/m^3$ $1kg/L=1\ 000kg/m^3$ $\rho=\frac{m}{V}$
力 重力	F $W(P,G)$	牛［顿］	N	公斤力，kgf，吨力，tf，达因，dyn	$1N=1kg\cdot m/s^2$ 1kgf＝9.806 65N
力矩 转矩 力偶矩	M T T	牛［顿］米	N·m	kgf·m，公斤力·米	1kgf·m＝9.806 65N·m
压力 压强 正应力 切（剪）应力	p p α t	帕［斯卡］	Pa	kgf/cm^2，公斤力/厘米^2 标准大气压，atm 毫米汞柱，mmHg 毫米水，mmH_2O 达因每平方厘米，dyn/cm^2	$1Pa=1N/m^2$ $1MPa=1N/mm^2$ $1kgf/cm^2=9.806\ 65\times10^4Pa\approx0.1MPa$ 1atm＝101 325Pa 1mmHg＝133.322Pa $1mmH_2O=9.806\ 65Pa$ $1dyn/cm^2=0.1Pa$

（续）

量的名称和符号		单位的名称和符号		应废除的单位名称和符号	换算或说明
名称	符号	名称	符号		
功 能(量) 热，热量	$W(A)$ $E(W)$ Q	焦[耳] 电子伏 千瓦时	J eV kW·h	绝对焦耳，J_{ab} 尔格，erg 度，卡，cal	1J＝1N·m 1kW·h＝3.6MJ 1eV≈1.602 189 2×10^{-19}J 1kW·h＝1度电 1cal＝4.186 8J 1erg＝10^{-7}J
功率	P	瓦[特] 千瓦[特]	W kW	绝对瓦特，W_{ab} 国际瓦特，W_{int} 尔格每秒，erg/s 马力，匹，PS	1W＝1J/s 1W_{int}/s＝1.000 19W 1erg/s＝10^{-7}W 1 马力 ＝ 75kgf·m/s ≈735.499W
有功功率 无功功率 视在功率 (表现功率)	P $Q(P_q)$ $S(P_s)$	瓦[特] 乏 伏安	W var V·A		var 暂可继续使用 V·A 暂可继续使用
电流	I	安[培]	A	绝对安培 A_{ab} 国际安培 A_{int}	1A_{int}＝0.999 85A
电荷[量]	$Q(q)$	库[仑]	C	国际电荷，C_{int}	1C＝1A·s 1C_{int}＝0.999 85C
电位[电势] 电位差[电势差] 电压电动势	V,φ U E	伏[特]	V	绝对伏特 V_{ab} 国际伏特 V_{int}	1V＝1W/A 1V_{int}＝1.000 34V
电容	C	法[拉] 微法[拉] 皮法[拉]	F μF pF	国际电容，F_{int}，μ，μf μμf，微微法，pf	1F＝1C/V 1F_{int}＝0.999 51F

（续）

量的名称和符号		单位的名称和符号		应废除的单位名称和符号	换算或说明
名称	符号	名称	符号		
介电常数（电容率）	ε	法[拉]每米	F/m		
电阻	R	欧[姆] 千欧[姆]	Ω kΩ	绝对欧姆，Ω_{ab} 国际欧姆，Ω_{int}	1Ω＝1V/A $1\Omega_{int}$ = 1.000 49Ω
电阻率	σ	欧[姆]·米	Ω·m		
电导	G	西[门子]	S	姆欧，ʋ	1S＝1A/V
电导率	v,σ,k	西[门子]每米	S/m		
自感 互感	L M, L_{12}	亨[利]	H	绝对亨利，H_{ab} 国际亨利，H_{int}	1H＝1Wb/A $1H_{int}$ = 1.000 49H
磁通[量]	Φ	韦[伯]	Wb	麦克斯韦，Mx	1Wb＝1V·s $1Mx \approx 10^{-8}$Wb
磁通[量]密度，磁感应强度	B	特[斯拉]	T	高斯，Gs，G	$1T = 1Wb/m^2$ $1Gs = 10^{-4}T$
磁场强度	H	安[培]每米	A/m	安匝每米，安匝/米，安匝/厘米，奥斯特，Oe	1Oe＝(1 000/4π)≈79.577 5A/m 1安匝/厘米＝100安/米
磁导率	μ	亨[利]每米	H/m		1H/m＝1Wb/(A·m)＝1V·s/(A·m)
磁阻	R_m	每亨[利]	H^{-1}		$1H^{-1}$ = 1A/Wb

（续）

量的名称和符号		单位的名称和符号		应废除的单位名称和符号	换算或说明
名称	符号	名称	符号		
热力学温度 摄氏温度	T,θ t,θ	开[尔文] 摄氏度	K ℃	绝对度，deg 度， 华氏度，°F	当表示温度间隔或温差时： 1K＝1℃ 1℉＝(5/9)K＝(5/9)℃
发光强度	$I[Iv]$	坎[德拉]	cd	烛光， 支光， 国际烛光	1 国际烛光＝1.02cd
光通量	$\varphi[\varphi v]$	流[明]	lm		1lm＝1cd·sr
[光]亮度	$L[Lv]$	坎[德拉]每平方米	cd/m^2		
[光]照度	$E[Ev]$	勒[克斯]	lx		$1lx = 1lm/m^2$
级差 声压级 声强级 声功率级	L_p L_1 $L_W[L_P]$	分贝	dB	db	当 $20\lg(P/P_0) = 1$ 时的声压级为 1dB 当 $10\lg(P/P_0) = 1$ 时的声功率级为 1dB

第三节 常用电气符号

一、文字符号

电气技术领域技术文件的编制会用到文字符号，在电气设备、装置和元器件上或其旁边也会用到文字符号，以标明它们的名称、特征、功能或状态等。文字符号一般包括基本文字符号和辅助文字符号。

1. 基本文字符号

基本文字符号可分为单字母和双字母两种，电气设备常用基本文字符号见表 1.4。

表 1.4 电气设备常用基本文字符号

设备、装置和元器件种类	举例	基本文字符号		旧符号
	中文名称	单字母	双字母	(GB 315—1964)
组件或部件	分离元件放大器 激光器 调节器	A	—	FD
	本表其他地方未提及的组件、部件			T
	电桥		AB	DQ
	晶集管放大器		AD	BF
	集成电路放大器		AJ	—
	磁放大器		AM	CF
	电子管放大器		AV	GF
	印制电路板		AP	—
	抽屉柜		AT	—
	支架盘		AR	—

（续）

设备、装置和元器件种类	举例	基本文字符号		旧符号
	中文名称	单字母	双字母	（GB 315—1964）
非电量到电量变换器或电量到非电量变换器	热电传感器 热电池 光电池 测功计 晶体换能器 送话器 拾音器	B	—	—
	扬声器			Y
	耳机			EJ
	自整角机			ZZJ
	旋转变压器			ZB
	模拟和多级数字变换器或传感器（用作指示和测量）			—
	压力变换器		BP	YB
	位置变换器		BQ	WZB
	旋转变换器（测速发电机）		BR	（CSF）
	温度变换器		BT	WDB
	速度变换器		BV	SB，SDB
电容器	电容器	C		C
二进制元件 延迟器件 存储器件	数字集成电路和器件： 延迟线 双稳态元件 单稳态元件 磁芯存储器 寄存器 磁带记录机 盘式记录机	D	—	—

（续）

设备、装置和元器件种类	举例	基本文字符号		旧符号
	中文名称	单字母	双字母	(GB 315—1964)
其他元器件	本表其他地方未规定的器件	E	—	—
	发热器件		EH	—
	照明灯		EL	ZD
	空气调节器		EV	—
保护器件	过电压放电器件避雷器	F	—	BL
	具有瞬时动作的限流保护器件		FA	—
	具有延时动作的限流保护器件		FR	—
	具有延时和瞬时动作的限流保护器件		FS	—
	熔断器		FU	RD
	限压保护器件		FV	—
发生器 发电机电源	旋转发电机、振荡器	G	—	—
	发生器		GS	TF
	同步发电机			
	异步发电机		GA	YF
	蓄电池		GB	XDC
	旋转式或固定式变频机		GF	BP
信号器件	声响指示器	G	HA	FM,JL,LB
	光指示器		HL	GP
	指示灯		HL	SD

（续）

设备、装置和元器件种类	举例	基本文字符号		旧符号
	中文名称	单字母	双字母	(GB 315—1964)
继电器接触器	—	K	—	J
	瞬时接触继电器		KA	—
	瞬时有或无继电器		KA	—
	交流继电器		KA	LJ
	闭锁接触继电器(机械闭锁或永磁铁式有或无继电器)		KL	—
	双稳态继电器		KL	—
	接触器		KM	C
	极化继电器		KP	YLJ
	簧片继电器		KR	—
	延时有或无继电器		KT	SJ
	逆流继电器		KR	NLJ
电感器 电抗器	感应线圈	L	—	GQ
	线路陷波器		—	DK
	电抗器(并联和串联)		—	—
电动机	电动机	M	—	D
	同步电动机		MS	TD
	可做发电机或电动机用的电机		MG	—
	力矩电动机		MT	—
模拟元件	运算放大器 混合模拟/数字器件	N	—	—

（续）

设备、装置和元器件种类	举例	基本文字符号		旧符号
	中文名称	单字母	双字母	(GB 315—1964)
测量设备 试验设备	指示器件 记录器件 积算测量器件 信号发生器	P	—	CB
	电流表		PA	A
	(脉冲)计数器		PC	JS
	电能表		PJ	—
	记录仪器		PS	—
	时钟、操作时间表		PT	—
	电压表		PV	V
电力电路的开关器件	断路器	Q	QF	DL,ZK
	电动机保护开关		QM	—
	隔离开关		QS	GK
电阻器	电阻器	R	—	R
	变阻器		—	R
	电位器		RP	W
	测量分路表		RS	FL
	热敏电阻器		RT	—
	压敏电阻器		RV	—

（续）

设备、装置和元器件种类	举例	基本文字符号		旧符号
	中文名称	单字母	双字母	(GB 315—1964)
控制、记忆，信号电路的开关器件选择器	拨号接触器 连接极	S	—	—
	控制开关		SA	KK
	选择开关		SA	—
	按钮开关		SB	AN
	机电式有（或无）传感器（单极数字传感器）		—	—
	液体标高传感器		SL	—
	压力传感器		SP	—
	位置传感器（包括接近传感部）		SQ	ZDK，ZK，XWK，XK
	转数传感器		SR	—
	湿度传感器		ST	—
变压器	—	T	—	B
	电流互感器		TA	LH
	控制电路电源用变压器		TC	KB
	电力变压器		TM	LB
	磁稳压器		TS	WY
	电压互感器		TV	YH
调制器变换器	鉴频器 解调器 变频器	U	—	—
	编码器			BP
	交流器			BL
	逆变器			NB
	整流器			ZL
	电报译码器			—

（续）

<table>
<tr><td rowspan="2">设备、装置和元器件种类</td><td>举例</td><td colspan="2">基本文字符号</td><td rowspan="2">旧符号
(GB 315—1964)</td></tr>
<tr><td>中文名称</td><td>单字母</td><td>双字母</td></tr>
<tr><td rowspan="3">电子管
晶体管</td><td>气体放电管
二极管
晶体管
晶闸管</td><td rowspan="3">V</td><td>—</td><td>BG</td></tr>
<tr><td>电子管</td><td>VE</td><td>G</td></tr>
<tr><td>控制电路用电源的整流器</td><td>VC</td><td>—</td></tr>
<tr><td rowspan="4">传输通道
波导
天线</td><td>导线</td><td rowspan="4">W</td><td rowspan="4">—</td><td>DX</td></tr>
<tr><td>电缆</td><td>DL</td></tr>
<tr><td>母线</td><td>M</td></tr>
<tr><td>波导
波导定向耦合器
偶极天线
抛物天线</td><td>—</td></tr>
<tr><td rowspan="6">端子
插头
插座</td><td>连接插头和插座
接线柱
电缆封端和接头
焊接端子板</td><td rowspan="6">X</td><td>—</td><td>JX</td></tr>
<tr><td>连接片</td><td>XB</td><td>LP</td></tr>
<tr><td>测试插孔</td><td>XJ</td><td>CK</td></tr>
<tr><td>插头</td><td>XP</td><td>CT</td></tr>
<tr><td>插座</td><td>XS</td><td>CZ</td></tr>
<tr><td>端子板</td><td>XT</td><td>—</td></tr>
</table>

（续）

设备、装置和元器件种类	举例	基本文字符号		旧符号
	中文名称	单字母	双字母	(GB 315—1964)
电气操作的机械器件	气阀	Y	—	—
	电磁铁		YA	DT
	电磁制动器		YB	ZDT
	电磁离合器		YC	CLH
	电磁吸盘		YH	DX
	电动阀		YM	—
	电磁阀		YV	DCF
终端设备 混合变压器 滤波器 均衡器 限幅器	电缆平衡网络 压缩扩展器 晶体滤波器 网络	Z	—	LB

2. 辅助文字符号

用来表示电气设备、元器件和装置以及线路的功能、状态和特征的是辅助文字符号。表 1.5 列出的是常用的辅助文字符号。

表 1.5 常用辅助文字符号

序号	文字符号	名称	序号	文字符号	名称
1	A	电流	2	A	模拟
3	AC	交流	4	A AUT	自动
5	ACC	加速	6	ADD	附加
7	ADJ	可用	8	AUX	辅助
9	ASY	异步	10	B BRK	制动
11	BK	黑	12	BL	蓝
13	BW	向后	14	C	控制
15	CW	顺时针	16	CCW	逆时针

(续)

序号	文字符号	名　称	序号	文字符号	名　称
17	D	延时(延迟)	18	D	差动
19	D	数字	20	D	降
21	DC	直流	22	DEC	减
23	E	接地	24	EM	紧急
25	F	快速	26	FB	反馈
27	FW	正,向前	28	GN	绿
29	H	高	30	IN	输入
31	INC	增	32	IND	感应
33	L	左	34	L	限制
35	L	低	36	LA	闭锁
37	M	主	38	M	中
39	M	中间线	40	M MAN	手动
41	N	中性线	42	OFF	断开
43	ON	闭合	44	OUT	输出
45	P	压力	46	P	保护
47	PE	保护接地	48	PEN	保护接地与中心共用
49	PU	不接地保护	50	R	记录
51	R	右	52	R	反
53	RD	红色	54	R RST	复位
55	RES	备用	56	RUN	运转
57	S	信号	58	ST	启动
59	S SET	置位,定位	60	SAT	饱和
61	STE	步进	62	STP	停止
63	SYN	同步	64	T	温度
65	T	时间	66	TE	无噪声(防干扰)接地
67	V	真空	68	V	速度
69	V	电压	70	WH	白色
71	YE	黄色			

二、图形符号

常用电气图形符号见表 1.6。

表 1.6 常用电气图形符号

名称	图形符号
直流	或
交流	
交直流	
接地一般符号	
无噪声接地（抗干扰接地）	
保护接地	
接机壳或接度板	或
等电位	
故障	
闪烁、击穿	
导线间绝缘击穿	
导线对机壳绝缘击穿	或
半导体二极管一般符号	
光电二极管	

名称	图形符号	
导线对地绝缘击穿		
导线的连接	或	
导线的多线连接	或	
导线的不连接		
接通的连接片	或	
断开的连接片		
电阻器一般符号	优选形	其他形
电容器一般符号		
极性电容器		
他励直流电动机	M	

(续)

名称	图形符号	名称	图形符号
电压调整二极管(稳压管)		并励直流电动机	
晶体闸流管(阴极侧受控)			
PNP型半导体三极管		复励直流电动机	
NPN型半导体三极管			
绕组和电感线圈		铁芯 带间隙的铁芯	
电机一般符号	符号内的星号必须用下述字母代替: C——同步变流机 G——发电机 GS——同步发电机 M——电动机 MG——能作为发电机或电动机使用的电机 MS——同步电动机 SM——伺服电机 TG——测速发电机 TM——力矩电动机 IS——感应同步器	单机变压器 电压互感器	
		有中心抽头的单相变压器	

（续）

名称	图形符号	名称	图形符号
三相笼型异步电动机		三相变压器星形-有中性点引出线的星形连接	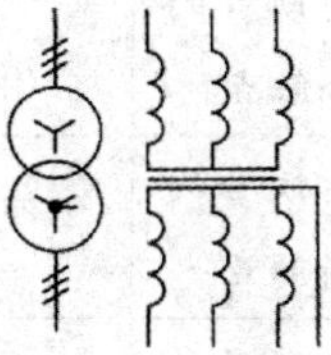
三相绕线转子异步电动机			
串励直流	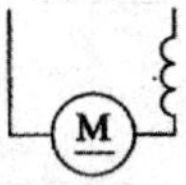	三相变压器有中性点引出线的 Y-△连接	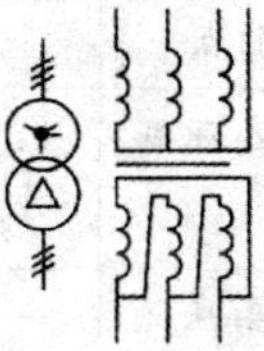
电流互感器脉冲变压器	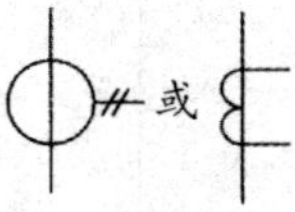 或	延时闭合和延时断开的动合触点	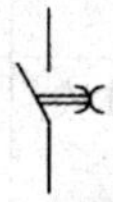
动合(常开)触点	 或	延时闭合和延时断开的动断触点	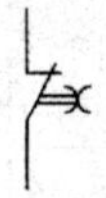
动断(常开)触点		带动合触点的按钮	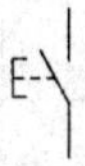
先断后合的转换触点		带动断触点的按钮	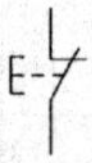
先合后断的转换触点	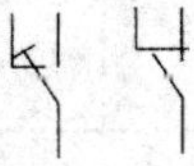	带动合和动断触点的按钮	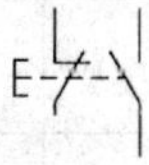
中间断开的双向触点		位置开关的动合触点	
延时闭合的动合触点	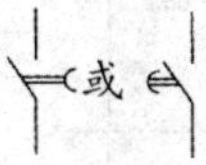 或	位置开关的动断触点	
		热继电器的触点	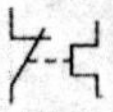

（续）

名称	图形符号	名称	图形符号
延时断开的动合触点	或	接触器的动合触点	
延时闭合的动断触点	或	接触器的动分触点	
延时断开的动断触点	或	三极开关	或
三极高压断路器		液位继电器	
三极高压隔离开关		火花间隙	
三极高压负荷开关			
继电器线圈	或	避雷器	
热继电器的驱动器件		熔断器	
灯		跌开式熔断器	
电抗器	或	熔断器式开关	
荧光灯启动器		熔断器式隔离开关	
转速继电器	n	熔断器式负荷开关	
压力继电器	p	示波器	

（续）

名称	图形符号	名称	图形符号
温度继电器	θ 或 t	热电偶	+
电喇叭		电铃	或
扬声器		蜂鸣器	或
受话器		原电池或蓄电池	

第四节　电工工具与使用

俗话说："工欲善其事，必先利其器。"电工的操作离不开工具，选择适合的工具是非常重要的。

一、常用电工工具

（一）验电器

用来检查导线和电器设备是否有电的工具就是验电器，又被称为电压指示器。它包括低压验电器和高压验电器两种。

1. 低压验电器

低压验电器就是俗称的验电笔、试电笔，简称电笔。低压验电器所检测的电压范围一般为60~500V，常被做成改锥式或钢笔式。

用验电笔工作时，先用手触及验电笔的金属笔挂（或螺钉），电流会经过被测带电体、验电笔、人体到大地，从而构成一个通电回路。当被测的带电体与大地之间的电位差超过60V时，电笔中的氖管就会发光，这表明被测带电体带电。如果氖管的两极发光，那么被测带电体带的是交流电；如果氖管只有一极发光，那么被测的带电体带的是直流电。另外，需要注意的是，有时外部光较强或氖管本身发的光较微弱，不容易看清，这时，就需用手遮挡或进行避光检测。

2. 高压验电器

高压验电器可以检测1 000V以上的电压，是一种防护性用具。必须在戴绝缘手套的前提下使用高压验电器。另外，人体与带电体必须保持一定的安全距离，如在检测10kV的带电体时，人必须距离带电体0.7m以上，且手握的部分不得超过护环。需要注意的是，一般情况下，高压验电器不装接地线，只有在木质电杆、扶梯上进行测试时，为了使氖光灯清晰发光，才装上接地线。

（二）常用旋具

通常所说的常用旋具是螺钉旋具，通常称改锥或者螺丝刀，它分为一字形和十字形两种，主要用于紧固或拆卸螺钉。

1. 一字形改锥

通常用一字形改锥柄部以外的长度表示其规格，生产生活中常用的有100mm、150mm、200mm、300mm和400mm等几种。

2. 十字形改锥

十字形改锥又被称为梅花改锥，一般有Ⅰ、Ⅱ、Ⅲ、Ⅳ四种型号，其中适用直径为2~2.5mm螺钉的是Ⅰ号十字形改锥，适用直径为3~5mm、6~8mm和10~12mm的分别是Ⅱ、Ⅲ和Ⅳ号十字形改锥。

3. 多用改锥

多用改锥是一种组合式的工具，它的柄部和旋具都可以装、卸，多用改锥都附有不同规格的附件，如三棱锥体、螺钉旋具、锯片、锉刀和钻头等。

4. 改锥使用注意事项

在实际操作中，应该根据不同的情况选用相应的型号。如果用大的替代小的，则有可能因为受力过大而造成螺钉、螺纹甚至电器元件的损坏。

（三）电工刀

日常生产生活中，用于削制木枕，切割木台缺口或剖切导线、电缆绝缘层的常用工具是电工刀。

（四）工具钳

1. 钢丝钳

钢丝钳也叫老虎钳，主要用于切断金属丝、折断金属薄片或夹持小零件。与其他钢丝钳不同的是，电工用的钢丝钳的柄部都套有耐压500V的绝缘套管，一般用钢丝钳全长的毫米数来表示它的规格，常见的有200mm、175mm和150mm等几种。用来夹持小零件、弯绞或钳夹导线线头的是钢丝钳钳口，用来剖削导线绝缘层或剪切导线的是刀口，用来铡切导线线芯、钢丝等较硬的金属的是铡口，用来紧固或松动螺母的是齿口。

2. 尖嘴钳

为了使尖嘴钳可以在较小的空间内操作，而且能够夹持较小的螺钉、导线、垫圈及电气元件等，尖嘴钳的头部设计得非常尖细。在安装控制电路的时候，单股的导线可以被尖嘴钳弯成接线端子（线鼻子），其中，有一种尖嘴钳有刀口，可以用于剪断导线，剖削绝缘层。人们一般用全长的毫米数来表示尖嘴钳的规格，常用到的有130mm、160mm和180mm等几种，与钢丝钳一样，尖嘴钳的柄部也套有耐压500V的绝缘套管。

3. 断线钳

断线钳通常又被称为斜口钳、剪线钳和扁嘴钳，是专门用来剪断较粗的金属丝、线材、导线和线缆的。通常见到的断线钳有铁柄、管柄和绝缘柄三种，其中绝缘柄耐压为1 000V。

4. 剥线钳

专门用来剥去小直径导线绝缘层的工具是剥线钳（图1.3）。在剥线钳的钳口有几个刃口，可以将不同线径的导线绝缘层剥落，其柄部可以耐压500V。

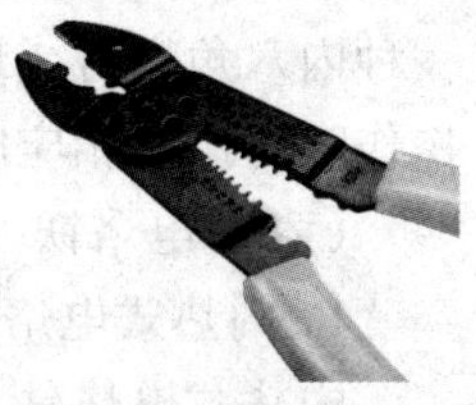

图1.3 剥线钳

在使用剥线钳时，首先在剥线钳的咬口中放入待剥导线的线端，然后用力握住钳柄，这样，导线的绝缘层就可以剥落并且自动弹出。

需要注意的是，不能用小咬口的剥线钳剥大直径的导线，否则会使导线被咬伤甚至导线的线芯被剪断；不可以把剥线钳作为钢丝钳使用，这样有可能会损坏咬口；为保证安全，防止触电，必须在保证柄部绝缘良好时，才能带电操作。

（五）扳手

1. 活扳手

专门用于紧固和松动螺母的工具是活扳手，一般用长度(mm)×最大开口宽度（mm）来表示它的规格，经常用到的有 150×19（6in*，1in=0.025 4m）、200×24（8in）、250×30（10in）以及 300×36（12in）等几种。在使用时，首先将扳口放到螺母上，然后调节蜗轮，使螺母被扳口咬住。一般情况下，旋紧是顺时针方向，旋松是逆时针方向。需要注意的是，要根据不同的螺母选择不同的活扳手，如果用大号扳手来扳动较小的螺母，螺纹有可能会被损坏，使螺栓报废；用力要适度，既不能太大，又不能太小；在有些情况下，螺母和螺纹配合处会生锈，扳手有可能会打滑，这时可以换固定扳手（俗称梅花扳手），否则一旦螺母的几个角被破坏，就很难再扳动了。

2. 固定扳手

固定扳手的形式各不相同，有的是套在螺母上的，为了防止滑动，内圈有若干齿，这种固定扳手又被称为梅花扳手；有的固定扳手是固定扳口的。因为固定扳手不能被调整，所以有一系列大小不等的口径，放在工具箱内以备选用。

3. 内六角扳手

内六角扳手是可以在较小的尺寸范围和较小的工作空间内使用的一种内六角螺钉或螺栓，在内六角扳手的头部有一个六角形的凹口，操作时可以将相应的内六角扳手嵌入凹口扳动。

（六）电烙铁

1. 内热式电烙铁

内热式电烙铁是由烙铁头、发热元件、胶木手柄和连接杆组成

---

* in，英寸，非法定计量单位。

的。它之所以被称为内热式电烙铁，是因为它的发热元件在烙铁头的空腔内部。它的特点是热得快，效率高（可达 85%～90%），只需 3min 左右，就可以加热到熔化焊锡的温度，不仅如此，内热式电烙铁还具有耗电少、质量轻、体积小以及使用灵巧等优点，适用于焊接晶体管等小型电子器件和印制电路板。内热式电烙铁常见的规格有 20W、30W、35W 和 50W 等几种。

需要特别注意的是，在烙铁头温度高时，内热式电烙铁易出现“烧死”现象，而且烙铁芯易断铁，非常怕摔，因此要小心使用。

2. 外热式电烙铁

外热式电烙铁的传热筒为铁质圆筒，在其内部固定烙铁头，外部缠绕电阻丝，它的作用是将热量传递到烙铁头。外热式电烙铁各部分的作用与内热式电烙铁基本一样，外热式电烙铁常见的规格有 25W、45W、75W、100W、150W、200W 和 300W 等几种。

3. 恒温式电烙铁

为达到恒温的目的，恒温式电烙铁会借助于其内部的磁控开关来自动控制通电时间，磁控开关之所以会被作为切断电源的控制方式，是因为当被加热到一定温度时，软磁金属块会失去磁性。

与普通电烙铁相比，恒温式电烙铁可省电达一半，且烙铁头过热时不易氧化、焊料也不易氧化，最重要的是可以避免温度过高而损坏电子元器件。

4. 吸锡电烙铁

吸锡电烙铁主要在电子类产品的修理、装配过程中用于拆换元器件。在操作时，首先用吸锡电烙铁的头部加热焊点，等到焊锡熔化后，按动吸锡电烙铁的吸焊装置，就可以把锡液从焊点上吸走，以便拆下零件。吸锡电烙铁的优点是：不仅拆焊效率较高，而且不会损伤元器件，尤其是在拆除焊点多的集成块、波段开关等场合，吸锡电烙铁是最佳选择。

二、常用电动工具

（一）手电钻

手电钻是一种手提式电动钻孔工具，主要用于在金属、木材、塑料等材料或构件上钻孔，通常又被称为手枪钻（图 1.4）。

图 1.4　手电钻

1. 手电钻的结构

手电钻的主要结构是电动机、手柄、减速器、电源连接装置以及钻夹头或圆锥套筒等几部分。

2. 手电钻的分类

手电钻可以按使用电动机的类型分为交直流两用串励手电钻（又称为单相串励手电钻）、三相中频手电钻以及三相工频手电钻等几种。其中适用于较大功率的场合的是三相工频手电钻，而运用最广泛的则是单相串励手电钻。

3. 手电钻的使用

工作时，手电钻要借助一定的轴向推力，一般的手电钻都是用手柄来加力，手柄分为手枪式、侧手柄式以及环式后手柄式等几种，有的为了增大推力，还设计有托架。

（二）电锤

电锤是一种具有旋转和冲击复合运动机构的电动工具，主要进行钻孔、开槽和打毛等作业，其工作对象是砖石、混凝土等脆性的建筑构件和材料。

1. 电锤的结构

电锤主要由曲柄连杆冲击机构、转钎机构、过载保护装置、齿轮减速器、电动机、电源开关及电源连接组件等组成。

2. 电锤的分类

按其结构形式，电锤可分为弹簧气垫锤、弹簧冲击锤、动能冲击锤、曲柄连杆气垫锤、冲击旋转锤以及电磁锤等几种。

3. 电锤的使用与维护

（1）在合上电源之前，必须保证电源装有漏电保护器和熔断器。

（2）在使用新电锤前，必须确保该电锤的各部件紧固，转动的部分要灵活。在各部分都正常的情况下，可通电空转一下，查看有无异常声响，运转是否灵活。

（3）用电锤钻孔，应避开钢筋，并且选择无暗配电源线处。

(4) 如果对钻孔深度有要求，要控制钻孔深度，可借助电锤辅助手柄上的定位杆来实现。另外，应该先装上防尘罩，再对上楼板钻孔。

(5) 工作时，按下开关前，应该先将钻头顶在工作面上。在钻孔中，如果发现冲击停止，应该立即断开开关，并重新顶住电锤，再接通开关，继续工作。

(6) 为了避免触电，严禁戴纱手套使用电锤，应该戴绝缘手套或穿绝缘鞋，并且站在干燥的木板、木凳等绝缘垫上作业，以确保安全。

(7) 携带电锤时不得采用提电源线等错误方法，必须握紧电锤。

第二章 电工材料的选择和使用

第一节 导电材料

金属及其制品是电工主要用的导电材料，导电材料可以用来输送和传导电流，一般具有足够的机械强度，同时导电性能良好，耐腐蚀，耐氧化，容易加工和焊接。

一、电磁线

电磁线是一种具有绝缘层的导电金属线，用以绕制电动机、电器、电信设备及仪器仪表等产品中的线圈或绕组，又被称为绕组线。

电磁线的种类有很多，按绝缘层和用途，电磁线可以分为漆包线、绕包线、无机绝缘电磁线和特种电磁线四种。

1. 漆包线

绝缘层为漆膜的电磁线为漆包线，是将绝缘漆涂覆在导电线芯上，然后将其烘干而成。漆包线的特点是漆膜较薄，均匀光滑，有利于高速绕制线圈。漆包线广泛应用在电器、微型电工电子产品以及中、小型电动机中。

2. 绕包线

绕包线是在导线芯上紧密绕包天然丝、绝缘纸、玻璃丝及合成树脂薄膜等，从而形成绝缘层，有的也会在漆包线上再次绕包绝缘层。绕包线通常应用于大中型电工产品中，这是因为与漆包线的漆膜相比，绕包线的绝缘层更厚，而且是复合绝缘，这就使其能较好地承受过载负荷及电压。其中，薄膜绕包线主要用于大中型电动机及高压电动机中，因为它具有更高的机械强度及电绝缘性能。

3. 无机绝缘电磁线

无机绝缘电磁线的绝缘层的主要材料是氧化铝膜、陶瓷等无机材料，它的特点是耐辐射、耐高温，主要用于有辐射和高温的场合。

4. 特种电磁线

特种电磁线有特殊性能和绝缘结构，可以适用于高湿、超低温等特殊场合。

二、电线、电缆

电线、电缆是一种线材产品，主要用来传输电能、信息，以及进行电磁能量转换。在日常生活中，电线、电缆的种类非常多，其中最多见的是塑料和橡皮绝缘导线。它们做固定敷设之用，被广泛应用于交流电压500V、直流电压1 000V及以下的各种仪器、仪表、电器、电信设备、照明电路及动力线路。

三、熔体

熔体是各种熔断器的核心组成部分，一般被做成丝状，因此也叫熔丝。

熔体是一种保护性的导电材料。在正常情况下，由于电流的热效应，在电路中串联上熔体时，熔体发热，但不会熔断；但是当短路导致电流增大或发生过载时，熔体温度就会急剧上升，导致熔体熔断，使电路被切断，起到保护电气设备的作用。

制造熔体的材料主要有以下两类：一类是铅、锌及其合金等低熔点材料，宜于小电流使用；另一类是银、铜等高熔点材料，宜于大电流情况下使用。

四、电刷

电刷主要用于电动机的换向器或集电环，在相对滑动接触面，它能形成含有石墨的薄膜层，可以使接触保持良好。因为电刷具有很强的耐磨性，所以它可以作为滑动接触件，导出或导入电流。一般都用电碳材料来制作电刷，因为在使用的时候，不仅要求电刷的噪声、电损耗及机械磨损要小，而且要确保不能出现有害的火花。

第二节　绝缘材料

绝缘材料是使带电或不带电器件在电器上彼此绝缘的材料，又称为电介质。绝缘材料不仅应具有较高的耐压强度和绝缘电阻，以使其介电性能保持良好，而且应该具有较好的导热性能、耐热性能和较高的机械强度，并且要便于加工。

一、绝缘漆

绝缘漆的作用是绝缘和保护电动机、电器和变压器等。按照用途，绝缘漆可分为表面修饰胶黏剂和灌注胶、覆盖漆以及浸渍漆等几种。常用绝缘漆的性能与用途见表 2. 1。

表 2. 1　常用绝缘漆的性能与用途

名称	型号	特性及主要用途
沥青漆	1010	耐潮湿，耐温度变化，但不耐油，适用于浸渍电机转子和定子绕组等不要求耐油的电器零部件
	1011	同 1010，但干燥较快
	1210	耐潮湿、耐温度变化，但不耐油，适于电机绕组覆盖用
	1211	系晾干漆，干燥快、不耐油，适用于电机绕组覆盖用，在不需耐油处可代替晾干灰瓷漆用

（续）

名称		型号	特性及主要用途
绝缘浸渍漆	耐油清漆	1012	干燥迅速，具有耐油性、耐潮湿性。漆膜平滑有光泽，适于浸渍电机绕组
	甲酚清漆	1014	干燥快，具有耐油性，适于浸渍电机绕组，但由漆包线制成的绕组不能使用
	晾干醇酸清漆	1231	干燥快，硬度大，有较好的弹性，耐温、耐气候性好，具有较高的介电性能，适于不宜高温烘焙的电器或绝缘零件表面覆盖
	醇酸清漆	1030	性能较沥青漆及清烘漆好，具有较好的耐油性及耐电弧性，漆膜平滑有光泽，适于浸渍电机、电器线圈及作覆盖用
	丁基酚醛醇酸漆	1031	具有较好的流动性、干透性、耐热性和耐潮湿性，漆膜平滑有光泽，适于湿热带用电器线圈浸渍
	三聚氰胺醇酸树脂漆	1032	具有较好的干透性、耐热、耐油性、耐电弧性和附着力，漆膜平滑有光泽，适用于湿热带浸渍电机、电器线圈
	环氧脂漆	1033	具有较好的耐油性、耐热性、耐潮湿性，漆膜平滑有光泽、有弹性，适用于湿热带浸渍电机绕组或做电机电器零部件的表面覆盖层
	气干环氧脂漆	—	低温下干燥迅速，其他性能和1033同，适用于不宜高温烘焙的湿热带电器绝缘零件表面覆盖
	氨基酚醛醇酸树脂漆	—	固化性好，对油性漆包线溶解性小，适用于浸渍电机、电器线圈
	无溶剂漆	515-1 515-2	固化快，耐潮性及介电性能好，不需用活性溶剂，适于浸渍电器线圈
覆盖磁漆	灰磁漆	1320	漆膜强度高，能耐电弧和油的作用，但耐潮性及介电性能较差，适于电机、电器线圈覆盖用
	红磁漆	1322	同1320
	气干红磁漆	1323	同1320
硅钢片漆		1611	漆膜牢固坚硬、耐水、耐油，适于作电机、电器中硅钢片间绝缘

二、塑料

1. 塑料的构成和特点

塑料是一种绝缘材料，是由天然树脂或合成树脂填充剂、增塑剂制造而成的。特点是：介电性好、耐热、耐腐蚀、机械强度高、相对密度小、易加工。

2. 塑料的分类

塑料可以分两类，分别是热固性塑料和热塑性塑料。其中用于制作低压电器和电能表的接线盒、外壳、仪表等零部件的，主要是热固性塑料；而用来制作各种电线、电缆的绝缘层的，主要是热塑性塑料，另外热塑性塑料也可以制成管材。

三、浸渍绝缘漆布

常用浸渍绝缘漆布的规格和用途见表2.2。

表2.2　常用浸渍绝缘漆布的规格和用途

类别	名称	型号	厚度/mm	耐热等级	用途
漆布(绸)类	油性漆布(黄漆布)	2010	0.15,0.17,0.20,0.24	A	用作一般电机、电器的包扎绝缘或衬垫绝缘
		2012	0.17,0.20,0.24	A	在变压器油中作衬垫绝缘或包扎绝缘
	油性漆绸(黄漆绸)	2210	0.04,0.05,0.06,0.08,0.10	A	在电机、电器中用作要求介电性能较高的薄层包扎绝缘和衬垫绝缘
		2212	0.08,0.10,0.12,0.15	A	适用于浸在变压器油中并要求介电性能较高的薄层绝缘或包扎绝缘

（续）

类别	名称	型号	厚度/mm	耐热等级	用途
玻璃漆布类	油性玻璃漆布	2412	0.11,0.13,0.15,1.17,0.20,0.24	E	在一般电机、电器及在变压器油中用作包扎绝缘或衬垫绝缘
	沥青醇酸玻璃漆布	2430	0.11,0.13,0.15,0.17,0.20,0.24	B	用作电机的包扎绝缘或衬垫绝缘
	醇酸玻璃漆布	2432	0.11,0.13,0.15,0.17,0.20,0.24	B	在电机、电器及在变压器油中用作包扎绝缘或衬垫绝缘
	环氧玻璃漆布	2433	0.11,0.13,0.15,0.17,0.20,0.24	B	用作耐化学腐蚀的电机，电器的槽绝缘、衬垫绝缘和线圈绝缘

四、绝缘纸和纸板

常用绝缘纸和纸板的规格和用途见表 2.3。

表 2.3 常用绝缘纸和纸板的规格和用途

品种	型号	厚度	主要用途
低压电缆纸	DL-08 DL-12 DL-17	0.08mm 0.12mm 0.17mm	35kV 以下电缆绝缘
电容器纸	B-I B-II BD-I BD-II BD-0	10、12、15μm 8、10、12μm 10、12、15μm 8、10、12、15μm 15μm	电容器极间绝缘
卷缠绝缘纸		0.07cm	包缠电器及制造绝缘管筒
绝缘纸板		0.1~0.5mm 及以上	电机或电器的绝缘和保护材料
硬钢纸板（反白板）		0.5~0.9mm 1.0~2.0mm 2.1~12.0mm	低压电机槽楔及绝缘零件

五、绝缘云母制品

常用绝缘云母制品的规格和用途见表 2.4。

表 2.4 常用绝缘云母制品的规格和用途

名称	型号	厚度/mm	耐热等级	用途
醇酸塑型云母板	5230	0.15~1.2	B	用于塑制电机换向器(整流子)V 形环以及其他异形绝缘零件
虫胶塑型云母板	5231	0.15~1.2	B	
醇酸纸柔软云母板	5130	0.15	B	用作一般电机槽绝缘及匝间绝缘
醇酸玻璃柔软云母板	5131	0.15	B	
沥青玻璃柔软云母板	5135	0.20,0.25	E	
虫胶换向器云母板	5535	0.4~1.5	B	用作一般电机换向器绝缘
虫胶换向器金云母板	5535-2	0.4~1.5	B	
醇酸纸云母箔	5830	0.15~0.30	B	用于一般电机、电器的卷烘绝缘、磁极绝缘
虫胶纸云母箔	5831	0.15~0.30	E~B	

六、电瓷

电瓷是用各种氧化物或硅酸盐的混合物制成的，具有绝缘性能好、机械强度高、性质稳定、耐热性能好等优点。电瓷主要用于制作各种灯座、开关、插座、绝缘子、绝缘套管、熔断器等零部件。

1. 低压绝缘子

用来绝缘和固定 1kV 及以下的电气线路的是低压绝缘子。低压绝缘子有四种，分别是低压针式绝缘子、柱式绝缘子、蝶式绝缘子和拉线绝缘子。

2. 高压绝缘子

用于绝缘和支持高压架空电气线路的是高压绝缘子。高压绝缘子有四种，分别是悬式绝缘子（图 2.1）、针式绝缘子、蝶式绝缘子和拉线绝缘子。

图 2.1 高压悬式绝缘子

第三章 常用电工仪表与测量

第一节 常用电工仪表基础知识

用来测量电流、电压、电阻、电能、功率、相位角、频率等电气参数的仪表统称为电工仪表。电流表、电压表、电能表、万用表、数字万用表、钳形表、绝缘电阻表等是最常用的电工仪表。

一、电工仪表的分类、组成和原理

（一）电工仪表的分类

电工仪表的种类有很多，可以根据不同的方法进行分类：按照工作特点，电工仪表可以分为数字仪表（数显仪表）和模拟仪表（指示仪表）；按测量方法，电工仪表可以分为比较式仪表和直读式仪表；按工作原理，电工仪表可分为磁电式、电磁式、数字式、电动式、热电式、整流式、感应式和静电式；按测量对象，电工仪表可以分为电流表、电压表、电阻表、电能表、频率表、功率因数表、功率表等；按被测电流的性质，电工仪表可以分为直流表、交流表和交直流两用表；按精度等级，电工仪表可分为 0.1 级、0.2 级、0.5 级、1.0 级、1.5 级、2.5 级和 5 级；按安装方法，电工仪表又可以分为固定式电表和携带式电表两种。

（二）电工仪表的组成

电工仪表一般是由测量机构、测量线路两部分组成的。其中，测量机构的作用是将中间量转换为指针的偏转角，并通过该偏转角来体现被测量的大小；而测量线路的作用是将被测量转换成测量机构能够直接测量的中间量，例如，电压、电流等。

电工仪表的核心是测量机构，它主要分为以下三个部分：

1. 驱动器

为使仪表的指针旋转，仪表上安装了驱动器，驱动器会产生驱动转矩。驱动转矩与被测量有一定的函数关系，一般情况下仪表通电后产生的电磁力是其来源。

2. 控制器

控制器通过产生与驱动转矩方向相反、大小相等的控制转矩，来使指针旋转，旋转到与被测量相应的角度。其中，控制转矩与指针的偏转角成正比，一般由永磁铁的吸引力、螺旋弹簧的弹力或重力来实现。

3. 阻尼器

阻尼器会产生制动转矩，使指针迅速停摆，以便于读数。仪表上如果缺少阻尼器，因为惯性，它的指针就会一直摆下去。一般来说，制动转矩都来自于空气阻尼力和电磁阻尼力，其方向与偏转方向相反，其大小与指针偏转速度是正比的关系。

（三）数字仪表的构成

数字仪表一般包括测量线路、数字显示电路和模数转换器三部分。其中，用来将被测量转换成用于模数转换的中间量的是测量线路，如与被测量成正比的直流电压；用来将中间量转换成数字量，并且传给数字显示电路进行数字显示的是模数转换器。

二、电工仪表的标度盘符号

为表明仪表的基本特性，在电工仪表的面板上都标有各种符号。常用电工仪表的面板符号见表 3. 1。

表 3.1 常用电工仪表的面板符号

1.仪表工作原理的图形符号					
名称	符号	名称	符号	名称	符号
磁电系仪表		静电系仪表	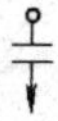	铁磁电动系仪表	
电动系仪表		感应系仪表		动磁系仪表	
电磁系仪表	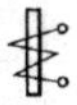	磁电系比率表		电动系比率表	
整流系仪表		热电系仪表		热线系仪表	
2.工作位置的符号					
名称	符号	名称	符号	名称	符号
标尺位置为垂直	⊥	标尺位置为水平	⊓	标尺位置与水平面倾斜成一角度，例如60°	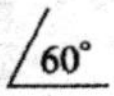 ∠60°
3.绝缘强度的符号					
名称	符号	名称	符号	名称	符号
不进行绝缘强度试验	 ☆ 0	绝缘强度试验电压为500V	 ☆	绝缘强度试验电压为2kV	 ☆ 2
4.按外界条件分组符号					
名称	符号	名称	符号	名称	符号
Ⅰ级防外磁场及电场		Ⅱ级防外磁场及电场	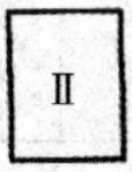  Ⅱ Ⅱ	Ⅲ级防外磁场及电场	  Ⅲ Ⅲ

（续）

名称	符号	名称	符号
Ⅳ级防外磁级及电场	Ⅳ Ⅳ	B组仪表工作环境温度为-20~50℃	B
A组仪表工作环境温度为0~40℃	A	C组仪表工作环境温度为-40~60℃	C

5.准确度等级符号

名称	符号	名称	符号	名称	符号
以标尺量限百分数表示的准确度等级，例如1.5级	1.5	以标尺长度百分数表示的准确度等级，例如1.5级	1.5	以指示值百分数表示的准确度等级，例如1.5级	1.5

6.电流种类符号

名称	符号	名称	符号
直流	—	三相交流	3~
交流	~	三相电表	3~
直流和交流	≂	50Hz	~50

三、电工仪表的准确度等级

仪表在规定条件下工作时，可能产生的最大误差占满刻度的百分数就是仪表的准确度。以用于表示基本误差的大小，基本误差越小，仪表的准确度就越高。仪表的准确度等级和基本误差见表3.2。

表3.2　仪表的准确度等级和基本误差

准确度等级	0.1	0.2	0.5	1.0	1.5	2.5	5.0
基本误差/%	±0.1	±0.2	±0.5	±1.0	±1.5	±2.5	±5.0

注：其他准确度等级还有0.05、0.3、2.0、3.0、10.0、20.0等。

第二节 电流表与电压表

一、电流表

（一）电流表的原理和分类

电流通过被测电路与仪表线圈，会使仪表指针发生偏转，反映被测电流大小的是指针偏转的角度，这就是电流表的工作原理。电流表可以分为磁电式、电磁式、电动式等类型。在使用电流表时，需要在被测电路中串接电流表。

1. 磁电式电流表

因为磁电式电流表的灵敏度较高，所以普遍用在要求测量灵敏度高、准确度高的场合，如测量晶体管电路、控制电路等。但是磁电式电流表的游丝和线圈导线的截面积都很小，不能直接测量较大的电流。所以，人们经常用分流电阻来扩大磁电式仪表的量程，分流电阻是用一个电阻与磁电式电流表并联而成的，又被称为分流器。

2. 电磁式电流表

有些场合测量值较大，对测量要求不严格，这时候常选择价格低且过载能力强的电磁式电流表，如仪表安装在固定位置或监测线路工作状态时。

3. 钳形电流表

钳形电流表是根据电流互感器原理制成的，它的外形像一个钳子，简称为钳表（图 3.1）。

图 3.1 钳形电流表

通常，用电流表测量电流时是要将电流表串联在电路中的，但在施工现场或临时要检测的线路中流过某一设备中的电流时，要把电流表串接进去，就必须使设备停止运行或者断开线路，但这是不现实的。在这种情况下，就可以采用钳形电流表来直接测量电流，给工作带来了很大方便。

使用钳形电流表测量电流时，为了防止误差，应该将被测载流导线放在钳口的中央。测量前，应先估计被测电流的大小，以选择合适的量程。也可以先用较大的量程测量，然后再根据被测电流的大小适当减小量程。钳口的两个面应该很好地接合，以保证读数的准确性。如果听到噪声，可以将钳口再重新开合一次。若噪声依然存在，可检查在接合面上是否有污垢，若有，可用汽油擦干净。有时要测量的电流小于5A，这种情况下，为了得到尽可能准确的读数，可以把导线多绕几圈，再放进钳口进行测量，表盘读数除以放进钳口内的导线根数就是该电流的实际电流值。测量后，应将调节开关放在最大量程，以免下次使用时因未经量程选择而造成仪表损坏。

二、电压表

1. 电压表的分类

用于指示被测对象的电压值的电工仪表是电压表。电压表可以根据所测电压的不同性质，分为直流电压表、交流电压表和交直流两用电压表；根据测量范围的不同，又可分为毫伏表和伏特表。

2. 电压表的选择与使用

（1）一般情况下，人们都会根据测量对象、测量范围、要求准确度和仪表价格等方面来考虑选择什么样的电压表。工厂内低压配电线路的电压多为380V和220V，对测量准确度的要求不是很高，因此工厂大多会选择量程为450V和300V的电磁式电压表；另外，对测量准确度和灵敏度的要求较高时，如测量电子线路电压时，通常采用的是磁电式多量程电压表。

（2）使用电压表时，应将电压表并联在被测对象的两端。

三、电流表与电压表使用时的注意事项

1. 正确接线

在测量电流的时候，要把电流表与被测电路串联；而在测量电压的时候，则应该将电压表与被测电路并联。测量直流电流和电压时，

必须注意仪表的极性，应使仪表的极性与被测量电路的极性一致。

2. 高电压、大电流的测量

在测量大电流或者高电压时，电流互感器或电压互感器是必不可少的。电压表和电流表的量程应与互感器二次的额定值相符，一般电压为100V，电流为5A。

3. 量程的扩大

如果电路中的被测量超过了仪表的量程，可以采用外附分压器或分流器，但应注意其准确度等级应与仪表的准确度等级相符。

除此之外，还需注意要在符合要求的条件下使用仪表，不能离外磁场太近，并且使用前应使指针处于零位，读数时应使视线与标度尺平面垂直。

第三节 功率表

功率表是用来测量电功率的电工仪表，又被称为瓦特表。

一、功率表的结构与工作特点

1. 功率表的结构

固定部件和转动部件是功率表必不可少的两部分。功率表里的固定线圈是固定部件。另外，转轴和固定在转轴上的可动线圈、指针、螺旋弹簧、空气阻尼器活塞都是转动部件。其中，可动线圈的电流与固定线圈的电流形成的磁场相互作用，形成电磁力，并且产生电磁转矩，在驱动可动线圈转动的同时，通过转轴带动指针转动。指针转角与两个电流的乘积成正比（如为交流，指的是交流电流的有效值）。

2. 功率表的工作特点

功率与电压、电流有关，这就决定了电压线圈和电流线圈都是功率表的组成部分。其中，电压线圈是用来反映负载电压的，其特点是导线细、匝数多，与附加电阻 R 串联后和负载并联，又称并联线圈；

电流线圈又被称为串联线圈，它是用来反映负载电流的，它的特点是导线粗、匝数少，而且与负载串联。电动系功率表正好有两个线圈可以用来测量功率。电动系功率表的电流线圈用固定线圈充当，电压线圈用可动线圈充当。

功率表的优点是准确度较高，且同时适用于交、直流电。但它的缺点是不能承受较大的过载，而且受外界磁场的影响较大。值得注意的是，电动系功率表指针的偏转方向与两个线圈的电流方向有关。一旦把某线圈的电流方向接反，就会改变指针的偏转方向。因此，在设计的时候将两个线圈的电流流入端标注“ * ”（也有的功率表标注“ · ”或“±”），就是为了防止将功率表的连线接反，线圈的“ * ”侧应与电源的同一极性端相连。

二、功率表的测量

1. 单相有功功率的测量

可以使用单相有功功率表来测量单相有功功率。

2. 三相有功功率的测量

三相有功功率既可以用三相有功功率表直接测量，也可以用单相有功功率表测量。

3. 直流功率的测量。

（1）用直流电压表、直流电流表测量。可以用电压表、电流表来测量直流电路的功率，得出读数后将两表读数相乘即为该直流电路的直流功率。但需要注意的是，这种方法只能用于直流电路的功率，不能用于交流电路。

（2）用单相有功功率表测量。除了前面介绍的用直流电压表、直流电流表测量，还可以采用单相有功功率表测量。

三、使用功率表的注意事项

1. 正确选择量程

（1）电流量程、电压量程是决定功率表量程的主要因素。

（2）被测负载的电流必须在功率表的电流量程以内。

（3）被测负载的电压必须在功率表的电压量程以内。

2. 正确接线

（1）为确保测量时指针可以正向偏转，必须将电流线圈和电压线圈标有“＊”的一侧连接在电源的同一极。

（2）有的时候，即使在接线正确的情况下，指针仍然会反偏。如用两表法测功率时，指针反偏，应该将电流线圈的接线调换，使指针正偏，但功率表的读数应取负值，两表读数的代数和即为三相功率。

3. 正确读数

（1）功率表是均匀刻度，各个量程使用同一条刻度线。

（2）刻度线被分成若干格，每格代表一定的功率值，称为分格常数。

（3）用电压量程乘以电流量程，再除以满刻度的格数就是分格常数。

（4）被测功率的读数为指针偏转的格数乘以分格常数。

（5）在测功率因数较低的负载功率时，如果用的是低功率因数功率表，那么，还要将读数乘以功率表的额定功率因数，低功率因数功率表的额定功率因数通常标注在刻度盘上。

第四节 万用表

万用表是一种多用途、多量限的电工仪表，又称繁用表、多用表。一般的万用表可以测量直流电流、直流电压、交流电压、电阻等，有些万用表还可测量交流电流、功率、电感、电容和音频电平等。

一、万用表的构成和分类

（一）万用表的构成

万用表主要由三部分组成，分别是表头、测量线路和转换开关。

其中表头又被称为测量机构，用以指示被测量的数值；测量线路用来把各种被测量转换到适合表头测量的直流微小电流；为了适应各种测量要求，在万用表上设计有转换开关，以选择不同的测量线路；转换开关有单转换开关和双转换开关两种。

（二）万用表的分类

1. 按表头分类

（1）传统的万用表

采用外磁式动圈结构的表头，靠轴承支承动圈的万用表是传统的万用表。与新型万用表相比，这种万用表体积较大，扩展性能差，并且由于轴承与轴尖之间存在摩擦力，不利于进一步提高仪表的准确度和灵敏度。

（2）新型的万用表

新型万用表的表头多采用内磁式张丝结构。与传统万用表相比，它的优点是磁能利用率高，磁场集中，表头的体积小。

2. 按外形分类

（1）便携式万用表

携带比较方便、读数准确、仪表的刻度盘较大是便携式万用表的优点，但它的不足之处是体积较大。

（2）袖珍式万用表

因为袖珍式万用表的体积小，可放在手掌上，所以它的优点是携带方便。

（3）薄型万用表

近年来，薄型万用表（图 3.2）已成为一种流行款式。

图 3.2　超薄型数字万用表

3. 按功能分类

（1）简易型万用表

简易型万用表主要用来测量电流、电压和电阻，它的优点是价格低廉，缺点是性能指标较差。

（2）多功能万用表

与简易型万用表相比，多功能万用表增加了测量电感、电容、晶体管参数等多种功能，而且测量功能较强，因此价格也较高。

二、万用表的测量

在万用表的标度盘上有多条代表不同测量种类的标度尺。在实际测量时，应根据转换开关所选择的种类及量程，在对应的标度尺上读数，并应注意所选择的量程与标度尺上的读数的倍率关系。例如，测量直流时用的是标有“—”或“DC”的标度尺；测量交流时用的是标有“~”或“AC”的标度尺（有些万用表的交流标度尺用红色特别标出）；在有些万用表上还有交流低电压挡的专用标度尺，如 6V 或 10V 等专用标度尺；测量电阻用的是标有“Ω”的标度尺。

三、万用表测量高电压或大电流

万用表测量高电压或大电流时应注意以下安全事项：

（1）要有技术等级高于测量人员的监护人员。这是因为监护人员要确保测量人员与带电体保持规定的安全距离，监护测量人员正确使用万用表。若测量人员不懂测量技术，监护人员有权立即阻止他的测量工作。

（2）测量时，不要用手触摸表笔的金属部分，以保证安全和测量的准确性。

（3）测量时，为避免指针反打而损坏万用表，要特别注意被测量的极性。当测量直流时，红表笔接正极，黑表笔接负极。

（4）为避免转换开关的触头因产生电弧而损坏开关，在测量高电压或大电流的时候，不能在测量时旋转转换开关。

（5）在测量交直流 2 500V 量限时，应在电路地电位上固定接上测试棒的一端，并用测试棒的另一端去接触被测高压电源，测试过程中应严格执行高压操作规程，谨慎操作，同时测量人员必须双手带高压绝缘橡胶手套，接触的地面应铺上高压绝缘橡胶板。

（6）当不知被测电压或电流有多大时，应先将量程挡置于最高挡，然后再向低量程逐渐转换。

（7）测量完毕后，转换开关应该被旋至交流电压最高挡，否则可能在转换开关放在欧姆挡时，导致表笔短接，长期消耗表内电池，更严重的是在下次测量时，有可能因为忘记旋转转换开关而损坏万用表。

第五节 电能表

电能表是用来测量某一段时间内发电机发出电能或负载消耗电能的电工仪表，也被称作电度表。电能表不仅可以反映功率的大小，而且还可以反映电能随时间延长积累的总和。

一、电能表的分类

1. 按测量电流分类

可分为直流式和交流式，交流电能表在电力系统中被广泛采用。

2. 按用途分类

可分为普通电能表和专用电能表。其中，普通电能表又可分为三相电能表和单相电能表；专用电能表又可分为定量电能表、多费率电能表、多功能电能表、标准电能表、最大需量电能表和脉冲电能表等。

3. 按准确度等级分类

可分为普通电能表和标准电能表。

4. 按工作原理分类

可分为电子式电能表、感应式电能表和感应电子式电能表。

5. 按接入电路方式分类

可分为经互感器接入式和直接接入式。

6. 按测量能量分类

可分为单相有功、三相三线有功、三相四线有功、三相三线无功及三相四线无功电能表。

二、电能表的选择及使用注意事项

（1）如果不同用电线路的电价不同，应该分别装表。如果是单相用电，则只需装一只单相电能表；三相用电时，应装一只三相四线电能表或三只单相电能表。

（2）在选择电能表的量限时，应注意使电能表的额定电压、额定电流满足这些要求：经电流互感器馈电的电能表的额定电流应为5A；经电压互感器馈电的电能表的额定电压应为100V；直接接入电路的电能表的额定电压要与电路额定电压相同；一般情况下，如果电能表低于额定电流的10%，就不能长期使用，当超过额定电流的125%时，也不允许长期使用。

（3）正常情况下，在没有负载时，电能表的铝转盘是静止不转的。如果转动，必须检查线路，找出原因。

（4）使用电流互感器和电压互感器时，电能表的读数乘以电流互感器的电流比和电压互感器的电压比值就是实际消耗的电能。

第六节　绝缘电阻表

绝缘电阻表是用来检测电气设备、供电线路绝缘电阻的一种可携式仪表，又被称为摇表和兆欧表（图3.3）。绝缘电阻表的种类很多，但基本结构相同，主要由一个磁电系的比率表和高压电源组成，其中高压电源常用手摇发电机或晶体管电路产生。

图 3.3 绝缘电阻表

一、绝缘电阻表的选择

（一）电压等级的选择

选用绝缘电阻表电压时，应使其额定电压与被测电气设备或线路的工作电压相适应。在测量低电压电气设备的绝缘电阻时，不可以使用电压过高的绝缘电阻表，否则有可能造成被测设备的绝缘损坏。不同额定电压的绝缘电阻表的使用范围见表 3.3。

表 3.3 不同额定电压的绝缘电阻表的使用范围

被测对象	被测设备额定电压/V	绝缘电阻表额定电压/V
线圈的绝缘电阻	500 以下	500
	500 以上	1 000
发电机线圈的绝缘电阻	380 以下	1 000
电力变压器、发电机、电动机线圈的绝缘电阻	500 以上	1 000~2 500
电气设备的绝缘电阻	500 以下	500~1 000
	500 以上	2 500
绝缘子母线隔离开关的绝缘电阻		2 500~5 000

（二）测量范围的选择

为了减少误差，绝缘电阻表的测量范围不能过多地超出所需测量的绝缘电阻值。另外，还应注意绝缘电阻表的起始刻度，有些绝缘电阻表不是从零开始的，这样的绝缘电阻表不适宜测量低电压电气设备的绝缘电阻。这种电气设备的绝缘电阻值较小，有可能小于1MΩ，在仪表上得不到读数，容易误认为绝缘电阻值为零而得出错误的结论。

二、绝缘电阻表的测量

（1）测量前，要保证被测设备不带电，应将被测设备的电源切断，而且使被测设备充分放电。用绝缘电阻表测试过的电气设备，也要及时放电，以确保安全。

（2）为了减小误差，被测对象的表面应干燥、清洁。

（3）应该用单根绝缘导线作为分开连接绝缘电阻表与被测设备间的连接线。为了避免误差，两根连接线不可缠绞在一起，也不可与被测设备或地面接触。

（4）为了读出准确的结果，在测量时，应该由慢到快摇动手柄，同时保持120r/min左右的转速转1min左右。如果被测设备短路，指针指零，应立即停止摇动手柄，否则有可能因表内线圈发热而使仪表损坏。

（5）测量电解电容器的介质绝缘电阻时，应按电容器耐压的高低选用绝缘电阻表，注意电容器的正负极不可以接反，在“L”接线柱接正极，在“E”接线柱接负极，否则会导致电容器被击穿。

三、绝缘电阻表使用注意事项

（1）如果被测物没有放电且绝缘电阻表没有停止转动，不可拆除导线或用手触及被测物的测量部分。在测量大电容的电气设备的绝缘电阻时，在测定绝缘电阻后，为了避免被测设备向绝缘电阻表倒充电而损坏仪表，应该在“L”接线柱上的连接线断开的前提下，降速并松开手柄。

（2）为了便于进行绝缘分析，在测量前，应掌握环境温度及相对湿度，当湿度较大时，应接屏蔽线。

（3）严禁在邻近有高压设备时或有雷电时使用绝缘电阻表。

第四章　常用电子元器件

第一节　电阻器

电阻器是组成电路的基本元件之一。电阻器用途：在电路中稳定和调节电压、电流，作为分压器和分流器使用，以及作为消耗能量的负载电阻等。欧姆是电阻器的阻值的基本单位，简称欧（Ω），除此之外，还有千欧、兆欧、吉欧和太欧等单位。

一、电阻器的分类

电阻器的种类较多，有以下四种分类方法：按阻值特性，可分为特种电阻器、固定电阻器和可调电阻器等；按用途，可分为通用电阻器、高压电阻器、高阻电阻器、高频电阻器、精密电阻器等；按制造材料，可分为金属膜电阻器、线绕电阻器和碳膜电阻器等；按安装方式，可分为贴片电阻器和插件电阻器等。

二、电阻器的主要参数及标注方法

（一）主要参数

1. 标称阻值

电阻器表面所标的阻值就是标称阻值，生产厂家必须按国际上规定的一系列阻值进行生产。通用电阻器的阻值系列见表 4.1，表中数值乘以 $10^n\Omega$ 就是其标称阻值。

表 4.1 通用电阻器的阻值系列与标称阻值

系列	误差/%	标称阻值/ $\times10^n\Omega$（n 为正、负整数）
E24	±5	1.0,1.1,1.2,1.3,1.5,1.6,1.8,2.0,2.2,2.4,2.7,3.0, 3.3,3.6,3.9,4.3,4.7,5.1,5.6,6.2,6.8,7.5,8.2,9.1
E12	±10	1.0,1.2,1.5,1.8,2.2,2.7,3.3,3.9,4.7,5.6,6.8,8.2
E6	±20	1.0,1.5,2.2,3.3,4.7,6.8

2. 允许误差

电阻器的标称阻值与实际阻值的最大偏差，除以标称阻值所得的百分数就是允许误差，常见的允许误差符号见表 4.2。

表 4.2 电阻器的允许误差与符号对照

允许误差/%	±0.01	±0.02	±0.05	±0.1	±0.2	±0.5	±1	±2	±5	±10	±20
符号	U	V	W	B	C	D	F	G	J （Ⅰ级）	K （Ⅱ级）	M （Ⅲ级）

3. 标称功率

厂家标注在电阻器上的额定功率，即电阻器在一定的气压和温度下长期连续工作所允许承受的最大功率称为标称功率。当额定值低于电阻器在使用时的实际功率时，就可能烧毁电阻器。因此，应选用标称功率为实际承受功率的 1.5~3.0 倍的电阻器。

（二）标称阻值与误差的标注方法

1. 直接标注法

将电阻器的标称阻值、允许误差等参数直接标注在电阻的表面的方法是直接标注法。如，6.8kΩ5% 表示其标称阻值为 6.8kΩ，允许误差为±5%；又如，5.1kΩ5% 表示的标称阻值为 5.1kΩ，允许误差为±5%。

2. 混合标注法

将字母、数字有规律地组合起来表示电阻器的阻值的方法是混合标注法。如 3k3 表示 3.3kΩ；3R3 和 3Ω3 表示 3.3Ω。

3. 数字标注法

用前两位数表示阻值的有效数，第三位数表示有效数后面加零的个数的方法是数字标注法，常用于贴片电阻器。如 102 表示 1kΩ，223 表示 22kΩ。

4. 色环标注法

用不同颜色的色环表示标称阻值与允许误差的方法是色环标注法，如图 4.1 所示。其中，有效数乘以倍率等于标称阻值，单位为 Ω。

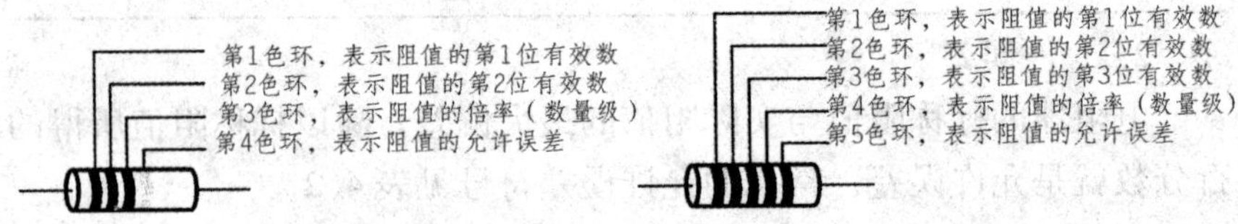

图 4.1 四色环电阻器（左）和五色环电阻器（右）

三、电阻器的检测

电阻器的检测方法是将电阻器单独测试或者接在电路中测试，有开路检测和在路检测两种。

1. 开路检测

观察电阻器的外观，确保标志清晰，表皮漆没有脱落，引脚没有松动，且接触良好等。

将万用表欧姆挡根据标注阻值拨至合适的量程，然后在电阻两引脚的引线上放两支表笔，测量阻值，看电阻的标称阻值是否与万用表显示的阻值相符，电阻值会有一定的制作偏差，万用表也有一定的测量误差，因此判断时需要综合考虑。需要注意的是，为了防止人体电阻影响实际的测量值，尤其是检测阻值较大的电阻时，不能同时用双手接触被测电阻的两端引脚。并且万用表量程每次更换后，都要将万用表欧姆挡校零。

2. 在路检测

断电后，将万用表欧姆挡根据阻值标注拨至合适的量程，在校零后，把被测电阻的引线上或两端引脚放两支表笔，进行正反两次测量阻值大小各一次。如果电阻器正常，万用表显示的最大一次阻值应比被测电阻的标称阻值小；如果比标称阻值大，则电阻器内部开路或断路，不能使用。这种测量方法的缺陷是，因为会受到电路及其他元件的影响，结论不一定准确，更重要的是，它对电阻器短路，或者电阻器在电路中并接阻值很小的线圈或其他元件测量的时候没有意义。

四、电阻器的更换

在更换电阻器时，最好选择阻值相同、规格型号也相同的电阻器。如果没有合适的电阻器，可在满足电路要求的条件下采用串联和并联的方式代用。如果电阻器的功率不同，则只能用大功率的电阻器代替小功率的电阻器。

第二节 电容器

电容器是由两个彼此靠近、互相绝缘的导体（或金属板）组成的，它是一种储能元件。法拉是电容器的基本单位，简称法（F）。除此之外，经常用到的还有微法（μF）、皮法（pF）。电容器除了具有分离各种不同频率和隔离直流的能力外，还可以在电路中用作耦合信号、旁路、谐振元件和滤波等。

一、电容器的分类

电容器有以下五种分类方法：按容值特性，可分为可变电容器、固定电容器和微调电容器；按安装方式，可分为插件式电容器、贴片式电容器；按极性，可分为无极性电容器和有极性电容器；按介质材料，可分为云母介质电容器、纸介质电容器、电解介质电容器、有机介质电容器、陶瓷介质电容器和空气介质电容器等；按用途，可分为高频电容器、低频电容器、高压电容器和低压电容器等。

二、电容器的主要参数及标注方法

（一）主要参数

1. 标称容量

厂家标注在电容器上的电容值就是标称容量。

2. 允许误差

电容器的标称电容量与实际电容量的最大偏差，除以标称电容量所得的百分数就是允许误差。允许误差可用符号表示，如表 4.3 所示。允许误差在±5%以内的电容器称为精密电容器，常见的普通电容器有三类：Ⅰ、Ⅱ、Ⅲ级；电解电容器有四类：M、N、S、Z 级。

表 4.3 电容器的允许误差与符号对照

允许误差/%	±0.1	±0.2	±0.5	±1	±2	±5	±10	±20	±30	-20~50	-20~80
符号	B	C	D	F	G	J(Ⅰ级)	K(Ⅱ级)	M(Ⅲ级)	N	S	Z

3. 额定耐压

电容器连续可靠工作而不被击穿所能承受的最大电压就是额定耐压，简称耐压值。通常，耐压值大的电容器体积也较大。选用电容器时，实际工作电压不允许超过电容器的耐压值。

（二）标称电量、允许误差的标注方法

1. 直接标注法

将电容器的标称电容量、允许误差直接标注在电容器的表面的方法就是直接标注法。例如，4.7μF±10%表示标称电容量为 4.7μF，允许误差为±10%。该法适用于体积较大、电容量较大的有极性电容等。

2. 三数标注法

前两位数为标称电容量的有效数，第三位数表示有效数后面加零的个数的方法就是三数标注法，单位为 pF。例如，102 表示 1 000pF。值得注意的是，如果第三位数是 9，有效数乘以 10^{-1} 就是其标称电容量。如 339 的标称电容量为 33×10^{-1} pF，就是 3.3pF。

3. 四数标注法

用1~4位数表示电容器的标称电容量的方法是四数标注法。如果没有小数点，单位为pF，有小数点时单位为μF。例如：2200表示2 200pF；0.047表示0.047μF。

4. 混合标注法

将字母、数字有规律地组合起来表示电容器的电容量的方法就是混合标注法。例如：4n7表示4.7nF（4 700pF）；p22表示0.22pF；1.5m表示1.5mF；10n表示10nF（0.01μF）；2μ2表示2.2μF；10p表示10pF；3p3表示3.3pF。

5. 色带标注法

用不同颜色的色带表示电容器的标称电容量、允许误差的方法就是色带标注法。其中，标称电容量等于有效数乘以倍率，单位为pF。色环电阻器与色带的颜色与有效数、倍率、允许误差之间的关系一样。

三、电容器的检测

（一）固定电容器的检测

1. 测量漏电电阻

选用万用表的欧姆挡（根据电容器的容量，决定$R\times1$k挡还是$R\times10$k挡，当测量的电容容量较大时，将量程放小；测量的电容容量较小时，将量程放大），将两支表笔分别接在电容器的两个引脚，此时表针很快向电阻为零的方向摆动，然后慢慢地退回到原来无穷大的位置，完成这个过程后说明该电容器已经完成了一次充电，然后又回到无穷大的位置，则说明电容隔离直流。然后将两支表笔对调，重复测量电容器，若表针仍按上述方式摆动，说明电容器可以正常使用，它的性能良好，漏电电阻非常小。

在测量中，如果发现万用表的指针不能回到无穷大的位置，则该电容器的漏电电阻值就是表针所指的阻值。表针距离阻值无穷大的位置越远，说明电容器漏电越严重。在测量其漏电电阻时，有的电容器的表针会先退回到无穷大的位置，然后沿顺时针方向慢慢摆动，它摆动的幅度越大，说明电容器漏电越严重。

2. 测量电容器短路

选用万用表的欧姆挡，将两支表笔分别接在电容器的两个引脚，如果表针所示阻值很小或为零，表针也不向无穷大的位置退回，则证明该电容器短路，即已经被击穿。另外，电容器容量较大时，充电过程较长，若量程选择不当，就会把电容器的充电误认为击穿。

3. 测量电容器断路

万用表不能准确地判断容量范围很大的电容器是否断路，只能用其他仪器鉴别 0.01μF 以下的小容量电容器。

万用表测量容量在 0.01μF 以上的电容器时，要想正确判断，必须根据电容器容量的大小选择合适的量程进行测量。

例如，可选用 $R\times10$k 挡测量 0.01～0.47μF 的电容器，选用 $R\times1$k 挡测量 0.47～10μF 的电容器，选用 $R\times100$ 挡测量 10～300μF 的电容器，选用 $R\times10$ 挡或 $R\times1$ 挡测量 300μF 以上的电容器。

选好量程以后，将电容器的两个引脚分别接万用表的两支表笔，然后进行测量，如果表笔不动，可将表笔对调后再进行测量，若表笔仍不动，则说明电容器断路。

（二）电解电容器漏电电阻的检测

按照上面的量程选择方法，将黑表笔接电解电容器的正极，红表笔接负极。这时候，表针向电阻为零的方向摆动，摆到一定幅度后，又反向回摆，直到在某一位置停下，这时候，便是表针所指的阻值电解电容器的正向漏电电阻。正向漏电电阻越大，其漏电电流越小，说明该电容器的性能也就越好。将万用表红、黑表笔对调，再进行测量，此时表针所指的阻值为电容器的反向漏电电阻，该值应比正向漏电电阻小一些。如果测得的两个漏电电阻低于几百千欧，那就说明电解电容器不能使用，因为其性能不好。

（三）可变电容器的检测

1. 可变电容器的故障现象

可变电容器的故障现象主要是动片与定片之间相碰、断路和转轴松动等。如果是固体介质的密封可变电容器，其动片与定片之间有杂质与灰尘时也可能导致漏电现象。

2. 检查方法

可以选择万用表的 $R\times10$k 挡来检查碰片短路与漏电。在测量动片与定片之间的绝缘电阻时，用两支表笔分别接触电容器的动片、定片，然后慢慢旋转动片，如果碰到某一位置，阻值为零，就说明有碰片短路现象，应排除。若动片转到某一位置出现一定的阻值，表针不是无穷大，则表明动片与定片之间有漏电现象，应清除电容器内部的灰尘后再使用。良好的可变电容器将动片全部旋进、旋出后，阻值均为无穷大。

四、常用电容器的特点及应用

常用电容器的特点及应用见表 4.4。

4.4　常用电容器的特点及应用

类别	特点	应用
金属化纸介电容器	体积小，电容量大，成本低	适用于对频率与稳定性要求不高的场合
云母电容器	可靠性与稳定性好，精密，耐压范围宽	适用于高压、高频、高稳定性的场合
油质电容器	电容量大，耐压高	作为高压、大容量的电容器使用
涤纶电容器	体积小，电容量大，成本低	适用于对频率与稳定性要求不高的场合
瓷介电容器	体积小，电容量小，损耗小，稳定性好	适用于高频电路
铝电解电容器	电容量大，质量轻，有正、负极	适用于电源滤波电路、音频电路
瓷介微调电容器	电容量可在小范围内调节	适用于微调高频电路
薄膜介质可变电容器	体积小，电容量可在较大范围内调节	适用于调频电路，如调节振荡频率

第三节 电感器

电感器是一种储存磁场能的元件，具有通直流、阻交流的特性，又称电感线圈。电感器常用于对交流信号进行隔离、滤波，或与电容器、电阻器组成谐振电路。电感器可以做成变压器，主要用于在电子电路中变流、变压、耦合及阻抗变换等。

一、电感器的分类

按电感量大小，电感器可分为可调式电感器和固定式电感器；按结构，电感器可分为线绕式电感器、非线绕式电感器；按安装方式，电感器可分为贴片式电感器和插件式电感器；按工作频率，电感器可分为低频电感器、中频电感器和高频电感器；按用途，电感器可分为振荡电感器、阻流电感器、滤波电感器、隔离电感器、补偿电感器。

二、电感器的主要参数

（一）主要参数

1. 标称电感量

生产厂家标注在电感器上的电感量（自感系数）就是标称电感量。

2. 允许误差

电感器的标称电感量与实际电感量的最大偏差，除以标称电感量所得的百分数就是允许误差。

3. 标称电流

生产厂家标注在电感器上的额定电流就是标称电流。电感器的标称电流必须高于实际工作电流。

（二）标称电感量与误差的标注方法

标称电感量与误差的标注方法有很多，主要有直接标注法、混合标注法、数字标注法、色环标注法等。

三、电感器的检测

1. 外观检查

外观需要检查的是线圈是否有松动、错位的情况，引脚是否牢靠，有无滑扣，外表是否有电感器的标称值，是否有破裂现象，还可进一步检查磁芯旋转是否灵活等。

2. 用万用表检测

在将万用表置于 $R\times1$ 挡的前提下，将电感器的两个引脚分别用两支表笔碰接，如果阻值为零，则说明电感线圈内部短路，不能使用；若测得电感线圈有一定阻值，说明正常。所用漆包线的粗细及匝数都会影响电感线圈的阻值，可通过相同型号电感线圈的正常值来进行比较，以判断其阻值是否正常。若测得的阻值为∞，说明电感器内部或引脚发生了断路。为消除这一情况，可采取检查或焊接的方法，如果无法消除，就不能再使用了。

四、常用电感器的特点及应用

常用电感器的特点及应用见表 4. 5。

表 4. 5　常用电感器的特点及应用

类别	特点	应用
单层电感线圈	电感量小	多用于高频电路，如天线
多层电感线圈	电感量较大，但分布电容较大	不适合高频电路
蜂房式电感线圈	电感量大，体积小，分布电容小	多用于高频电路
小型固定电感线圈	体积小，质量轻，电感量范围宽，结构简单牢固	应用广泛，如振荡电路、滤波电路等
阻流圈	高频阻流圈电感量小，分布电容小，低频阻流圈电感量大	限制交流电通过，用于滤波、音频电路等
振荡电感线圈	电感量大，质量轻	与电容器组成振荡电路，用于收音机、电视机等

第四节 二极管

二极管是电子电路中最主要的器件之一，又被称为晶体二极管或半导体二极管。制作一个二极管只需 PN 结的 P 区和 N 区各接一条引线，再封装在管壳里。

一、二极管的特点、用途和分类

二极管的特点是有两个电极，并且具有单向导电性。经常用到的二极管的作用是整流、检波及稳压等。二极管的种类较多，根据材料的不同可分为锗二极管、硅二极管和砷化镓二极管，其中锗二极管和硅二极管又分为两种：P 型和 N 型。

二、常用二极管的识别与选用

（一）稳压管

1. 稳压管的特点与作用

硅材料的稳压管的热稳定性要比锗材料的稳压管好得多，因此稳压管一般都是用硅材料制成的。

稳压管在日常生活中较常用，它既可稳定电压，又可以在反向击穿状态下工作。稳定电压是指其两端的反向电压值，随型号的不同而有所不同。所谓反向击穿状态，就是当给二极管加的反向电压达到了一定值时，管子会被击穿。这时，虽然流过二极管的电流发生了变化，但电压维持在一个较为恒定的数值范围内，只会发生很小的变化。若反向电流超过允许值，稳压管就会被烧毁。因此，一定要在允许的工作电流范围内使用。

2. 稳压管的构成和分类

根据稳压管封装形式的不同，分为金属、塑料和玻璃封装稳压管三种。其中，塑料封装稳压管最为常用；可以根据本身消耗功率大小的不同，分为小功率二极管（1W 以下）和大功率二极管；根据其内部结构的不同，又可以分为温度互补型稳压管和普通稳压管，其中，温度互补型稳压管工作时，一个正向导通，一个反向击穿，其管压温度的变化特性正好相反，能起到互补的作用。

（二）整流二极管

1. 整流二极管的特点

整流二极管的材料多是面接触型硅，用金属或塑料封装，工作电流较大。最大整流电流，是整流二极管的主要参数和选用依据。整流二极管长时间工作所允许通过的最大电流值就是最大整流电流。

2. 整流二极管的选用

在选用整流二极管时，以下两个参数需要特别注意：

（1）最大正向电流

最大正向电流就是二极管允许通过的最大电流值，材料的材质和接触面积是它的决定因素。当电流超过这个允许值时，管子将因过度发热而损坏。

（2）最大反向电压

最大反向电压就是二极管能够允许的反向电流剧增时的反向电压值。当二极管在最大反向电压工作时，应采取限流措施，否则二极管将被击穿。

（三）发光二极管

发光二极管（图 4. 2）的制作材料是磷化镓或磷砷化镓。与其他二极管不同，它可以直接转换为光能，发出红、绿、黄、橙等单色光或多色光。适用范围广，被广泛应用于家用电器，因为发光二极管的体积和功耗都很小。它的特点是响应快，抗震，寿命长，而且可以在交、直流条件下使用。发光二极管的形状有圆形、方形和矩形等。圆形发光二极管的外径有 3mm、5mm 等规格。

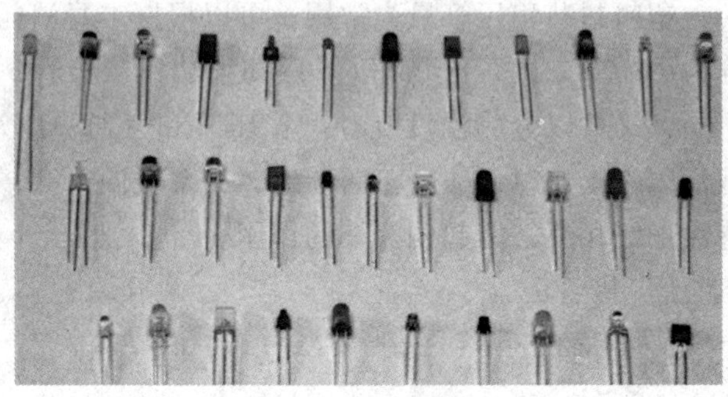

图 4.2 各种发光二极管

第五节 晶体三极管

晶体三极管是由两个 PN 结组成的，具有三个电极，又称三极管。

一、晶体三极管的分类

按结构分，晶体三极管可分为 PNP 型和 NPN 型；按所用材料分，可分为锗三极管和硅三极管；按用途分，可分为低频大、小功率管，高频大、小功率管及开关管等。

二、晶体三极管的测试

（一）晶体三极管的管型和引脚判别

1. 管型判别

万用电表选择 $R\times 1\text{k}$ 挡，正表笔（红）接任一引脚，负表笔（黑）分别搭其余两引脚。如果测出的阻值都很小（低于 1kΩ），则说明是 PNP 管型，相反，如果测得的阻值都很大（约几百千欧），则说明是 NPN 型晶体三极管。

2. 引脚的判别

（1）基极的判别

对于 PNP 型晶体三极管，把万用表的红表笔和晶体三极管的某一引脚相接，另外两引脚分别与黑表笔相接，测得三组读数，阻值小的，则红表笔所接的引脚为基极；判别 NPN 型晶体三极管的基极的方法与判别 PNP 型晶体三极管相同，不同的是以黑表笔为准，而另两级分别接红表笔，阻值小的一组指黑表笔所接的为基极。

（2）集电极的判别

判别出基极后，另外两个引脚就分别是发射极和集电极。这时，可以假设红表笔接的是集电极 C，黑表笔接的是发射极 E，用湿手指捏住 B、C 两极，但不可使 B、C 两极直接接触。读出阻值后，将红、黑两支表笔对调，按照上述方式再次测试，将读出的数值与第一次的数值作比较。若第一次阻值小，则说明假定是正确的，红笔接的是集电极 C。测量引脚时要注意，万能表必须放在欧姆挡的 $R\times1$k 或 $R\times100$ 挡上。

（二）晶体三极管的电流放大系数 β 的测量

测量晶体三极管的电流放大系数 β 时，可以使用万用电表粗测。以 NPN 管为例，将正表笔（红）接发射极，负表笔（黑）接集电极，选用 $R\times100$ 的欧姆。得出一个极间电阻值后，在基极间与集电极接入一个 100kΩ 的电阻，再得出一个极间电阻值。把得出的两个电阻值进行比较，两者相差越大，β 数值就越高。如果两者电阻值接近或相同，说明管子已坏。

（三）晶体三极管好坏的判别

判别晶体三极管的好坏，主要是判断 PN 结的好坏，是通过测量极间阻值实现的。用万用电表 $R\times100$ 挡测发射极和集电极的正向电阻，如果测出都是低阻值，说明管子质量是好的。如果测出正向电阻非常大或者反向电阻非常小，说明管子已损坏。

（四）硅管和锗管的判别

以 PNP 管为例，万用电表用 $R\times1$k 或 $R\times100$ 挡，基极接正表笔（红），选其他任意一极接负表笔（黑），若表针指在表盘中间偏右位置，该管为硅管。如果表针指在表盘右边接近满刻度附近，则可确定该管为锗管。

（五）高频管和低频管的判别

以 PNP 管为例，万用电表用 $R\times1k$ 挡，基极接正表笔（红），发射极接负表笔（黑），可见阻值会较大。然后换 $R\times10k$ 挡测，如果阻值读数没有很大变化，则说明为低频管。如果阻值变小了，可确定该管为高频管。

三、晶体三极管的选用

在工作实践中，正确选择晶体三极管，要根据电路的性能、要求作出判断，具体选择原则见表 4.6。

表 4.6 晶体三极管主要参数的选择

参数	$V_{(BR)CEO}$	I_{CM}	P_{CM}	β	f_T
选择原则	$\geqslant E_C$（电源电压）	$\geqslant(2\sim3)I_C$	$\geqslant P_O$（输出功率）	400～100	$\geqslant 3f$
备注	对于电感性负载：$VK_{(BR)CEO}\geqslant 2E_C$	I_C 为晶体三极管工作电流	甲类功放：$P_{CM}\geqslant 3P_O$ 甲、乙类功放：$P_{CM}\geqslant(1/5\sim1/3)P_O$	β 太高易引起自激振荡，稳定性差	f:工作频率

四、晶体三极管的使用注意事项

（1）往电路中接晶体三极管时，接入电源前要先接通基极；而拆线时顺序相反。

（2）使用中不应使晶体三极管受机械振动，以免引脚脱落。

（3）加在管子上的电流、电压、功率和环境温度，都要低于管子的主要参数允许的极限值。

第五章 电工设备

第一节 常用低压电器

在电气控制中，低压电器是一个基本的组成元件，通常指的是额定电压等级不高于交流1 200V、直流1 500V的电器。在电能的生产、输运、分配和使用中，它可以起到控制、调节、转换及保护的作用。低压控制电器主要应用于电子拖动装置，这就要求控制电器工作要准确可靠，可以频繁操作，而且具有使用寿命长、外形尺寸小等优点。这类电器主要包括主令电器、接触器以及手控开关等。

一、低压电器的分类

低压电器用途广、功能多，而且品种规格繁多，必须对其进行分类，以更好地掌握。

（一）按电器的动作性质分类

1. 手动电器

指刀开关、按钮等需要人工操作来发出动作指令的电器。

2. 自动电器

指接触器、继电器、电磁阀等按照电的或非电的信号自动完成接通或分断电路任务，不需要人工直接操作的电器。

（二）按用途分类

1. 控制电器

指像接触器、继电器和发动机启动器等用于各种控制电路和控制系统的电器。

2. 主令电器

指像按钮、行程开关、万能转换开关等用于自动控制系统中发送动作指令的电器。

3. 保护电器

指像熔断器、热继电器，各种保护继电器、避雷器等用于保护电路及用电设备的电器。

4. 执行电器

指像电磁铁、电磁离合器等用于完成某种动作或传动功能的电器。

5. 配电电器

指像断路器、隔离开关、刀开关、自动空气开关等用于电能的输送和分配的电器。

（三）按触点类型分类

1. 有触点电器

指接触器、刀开关和按钮等利用触点的接通和分断来切断电路的电器。

2. 无触点电器

它主要是指电子式时间继电器、固定继电器、接近开关以及霍尔开关等利用电子元件的开关效应导通和截止实现电路的通、断控制的电器。

（四）按工作原理分类

1. 电磁式电器

指继电器、电磁铁和接触器等电器，它们是根据电磁感应原理工作的。

2. 非电量控制电器

这类电器包括行程开关、转换开关、压力继电器、速度继电器和温度继电器等。它们是依靠外力或非电量信号的变化而工作的，其中外力或非电量信号包括速度、温度和压力等。

除了上述种类之外，还有许多其他形式的电器，如电工式、电感式和电子式等。

二、常用低压电器的主要技术参数

（一）额定电压

额定电压有三种，分别是额定工作电压、额定绝缘电压和额定脉冲耐受电压。

1. 额定工作电压

额定工作电压是与额定工作电流共同决定使用类别的一种电压。对于多相电路来说，额定工作电压就是间电压，也就是线电压。

2. 额定绝缘电压

额定绝缘电压是与介电性能试验、爬电距离相关的电压，无论在什么情况下，都不会比额定工作电压低。爬电距离是指电器中具有电位差的相邻两导电物体间沿绝缘体表面的最短距离，又被称为漏电距离。

3. 额定脉冲耐受电压

额定脉冲耐受电压是指电器所在系统发生最大过电压时电器所能耐受的能力。这个电器的绝缘水平是由额定绝缘电压和额定脉冲耐受电压决定的。

（二）额定电流

额定电流可以分为四种，分别是额定工作电流、约定发热电流、约定封闭发热电流和额定不间断电流。

1. 额定工作电流

额定工作电流就是保证电器在规定条件下正常工作的电流值。

2. 约定发热电流和约定封闭发热电流

约定发热电流和约定封闭发热电流是指电器处于封闭和非封闭的状态下，按照规定的条件试验时，在 8 小时工作制下，它的部件升温不超过极限值时所能承受的最大电流。

3. 额定不间断电流

额定不间断电流就是指在长期工作制下，电器各部件升温不超过极限值时所能承受的电流值。

（三）操作频率与通电持续率

操作频率就是开关电器每小时可能实现的最高操作循环次数。电器工作于断续周期制时，有载时间与工作周期之比就是通电持续力，通常用百分数来表示，符号是 TD。

（四）通断能力和短路通断能力

在规定条件下，能在给定电压下接通和分断的预期电流值就是通断能力。短路通断能力是指开关电器在规定条件下，包括其出线端短路在内的接通和分断能力。接通能力与分断能力有相等的可能，也有不相等的可能。

（五）机械寿命和电寿命

机械寿命就是开关电器的机械部分在需要修理或更换机械零件前所能承受的无载操作循环次数。电寿命就是在规定的正常工作条件下，开关电器的机械部分在无需修理或更换零件的负载操作循环次数。

三、刀开关

刀开关又称闸刀开关，它带有动触头（触刀），可以在闭合的位置与底座上的静触头（刀座）相契合（或分离）。它是一种结构最简单的手动电器，在各种配电设备和供电线路中被广泛应用，作非频繁地接通和分断容量不太大的低压供电线路。

（一）刀开关的选择

根据刀开关在成套配电装置中的安装位置和在电路中的作用确定它的结构形式是选用刀开关的前提，如刀开关仅仅是用来隔离电源，而电路中的负载由接触器、低压断路器或其他具有一定分断能力的开关电器（包括负荷开关）来分断时，选用没有灭弧罩的产品就足够了；但如果刀开关要承担分断负载的作用，那么需要通过杠杆操作，且需带有灭弧罩的产品。除此之外，还需要根据操作方式、接线方式和操作位置来选择刀开关。

（二）刀开关的额定电压和额定电流

刀开关的额定电压不应小于电路的额定电压。刀开关的额定电流一般不应小于其分断电路中各个负载额定电流的总和。如果负载是电动机，应该选用额定电流大一级的刀开关，因为电动机的启动电流是额定电流的 4~7 倍，甚至更大。除此之外，必须确保该额定电流等级所对应的电动稳定性电流（峰值）要高于电路中可能出现的最大短路电流（峰值），否则，就要改换额定电流更大一级的刀开关。

（三）刀开关的使用和维护

（1）分断负载应严格遵循刀开关的分断能力。一般情况下，不允许无灭弧罩的刀开关分断负载。

（2）在多极刀开关的使用中，应该确保接触良好，且各极动作都具有同步性。

（3）不可将开启式负荷开关放在地上使用，更不可用于户外，尤其用于农田作业中。

（4）要常检查触刀和插座是否被烧伤、磨损，并观察其操作机构动作是否灵活，是否出现灭弧罩被烧损、碳化或栅片熔焊的现象。

（5）为了防止触电，必须在断开电源的情况下更换熔断体。更换开启式负荷开关的熔丝时，应查看上、下胶盖部分和绝缘瓷底板（座）有没有一层金属粉粒，如果有，要用干燥的棉布或棉丝擦净。

（6）如果刀开关作为电源隔离开关使用，应该合上刀开关以后再合上其他控制负载的开关电器。分闸时，应在断开刀开关前，先断开控制负载的开关电器。

（7）在使用组合开关时，一般情况下，每小时的转换次数应小于或等于 15~20 次。

（8）在用组合开关控制电动机做可逆运转时，在反向接通前，必须确保电动机完全停止转动。

（四）刀开关的检修

一般情况下，刀开关每年应定期检修 1~2 次，它的检修内容如下：

（1）固定触头和闸刀是否歪斜，三相联动的刀闸应同时闭合，而且同时闭合的误差应小于 3mm。

（2）在合闸位置时，刀开关的闸刀应该和固定触头紧密结合。检查它们的紧密度的常用工具是塞尺，检查时，塞尺插进触头的深度要低于3~6mm，而且每条线上同时接触至少三点。

（3）检查灭弧罩内部是否清洁，灭弧罩是否被损坏。

（4）检查清除氧化斑点和电弧烧损地方的接触面是否光滑。

（5）测量分闸线圈及合闸线圈的绝缘电阻，要求每伏工作电压高于或等于1 000Ω。

（6）应将各传动部分的空隙涂上润滑油。

（7）检查绝缘部分是否有放电痕迹。

（8）在检修组合开关时，为了避免造成内部接点起弧烧蚀，应对开关内部的动、静触片接触情况进行检查。

四、熔断器

熔断器是一种保护电器，结构简单，价格低廉，使用方便。在被保护的电路中串联熔断器时，如果电气设备或线路中的电流大于规定值的时间过长，就会有一个或几个特殊设计的部件被其自身产生的热量所熔断，从而断开电路并分断电源。常用的低压熔断器有螺旋式、无填料密闭管式、有填料封闭管式和瓷插式等熔断器（图5.1）。

图5.1 各种熔断器

（一）熔断器的选用

主要是依据短路电流的大小和使用场合以及负载的保护特性来选择熔断器的类型。比如，应选择一般工业用熔断器来作电网配电用；选择保护半导体器件熔断器来保护硅元件；采用螺旋式或半封闭插入式熔断器来供家庭使用。

（二）熔断器的安装

（1）在安装熔断器时，为了使拆卸、更换熔体方便，不仅要保证有足够的电气距离，而且要保证有足够的间距。

（2）为了避免熔体温度升高，发生误动作，在安装熔断器时，熔体和触刀以及触刀和刀座都要保证接触良好。如果要安装的是管式熔断器，还要按照规定垂直安装。

（3）为了避免因接触电阻过大而发热或断相，造成负载缺相运行，以致电动机被烧毁，必须保证安装熔体接触可靠。

（4）为了避免因接触电阻过大而使熔体提前熔断，造成误动作，要有足够的截面面积来安装引线，而且必须将接线螺钉拧紧，避免接触不良。

（5）在安装熔体时，不能有机械损伤。如果有损伤就会造成截面面积变小，电阻会增大，发热会增加，保护特性变坏动作不准确等状况。

（三）熔断器的维护

（1）要常常将导电插座上和熔断器上的污垢和灰尘清除掉。在检查熔体时，如果发现有氧化腐蚀或损伤的现象，应及时更换。

（2）一般情况下，应在不带电的情况下拆换熔断器。在拆换允许带电更换的熔断器时，为了避免发生危险，要将负载切断。

（3）在更换熔体时，不应随意更换凑合使用，而是必须选择与原熔体的规格、尺寸、形状相同的新熔体。

（4）不可以用普通的熔断器的熔体来代替快速熔断器的熔体。

（5）如果要更换三相负载回路（如电动机）中的一相熔断器，必须将另两相熔断器同时更换或对其进行检查。

（6）如果熔体被烧断，有可能在过载电流下熔断，也可能是在分断极限电流下熔断。一般情况下，在过载电流下熔断时，熔体仅有一两处熔断，而且管壁没有烧焦现象，也没有大量熔体蒸发物附着，且响声不大；而在分断极限电流下熔断则与前者情况相反。

五、断路器

断路器就是俗称的自动开关。它能在电路发生严重故障（如过载、短路以及失电压等）时，将故障电路自动切断，以使串接在其后面的电气设备得到有效保护。因此，在低压配电网中，断路器是一种非常重要的保护电器。在正常的条件下，断路器被用来不频繁地接通和断开电路，达到控制电动机的目的。

（一）断路器的特点

断路器可以起到多种保护作用（过载、短路、失电压等），可以方便地调整动作值，具有较高的通断能力，而且动作过后可以继续使用，不需要更换零部件，还有故障动作时三相联动等熔断器不具备的优点。

（二）断路器的分类

从结构类型分，断路器可以分为万能式和塑料外壳式两种。万能式主要在配电网络中用作保护开关，而塑料外壳式不仅在配电网络中用作保护开关，而且可以用来做照明电路、电动机和电热器等的控制开关。万能式和塑料外壳式都可以有限流式品种。除此之外，还有一种快速直流断路器，可以为整流装置和整流器件提供过载、短路和逆流保护作用，它的全分断动作时间不超过 30ms。

1. 万能式低压断路器

作为配电网络的保护开关，在配电网络中，万能式低压断路器作过载、短路及失电压保护用，另外，在正常工作条件下，可以作为不频繁转换电路用。

万能式低压断路器有很多系列产品，如 DW15、DW16、DW17、DW18 等。其中应用最普遍的是 DW16 系列产品，它的操作方式很多，如杠杆操作、电磁铁操作、手柄操作和电动机操作等；为了实现保护性动作，DW16 系列产品设有失电压脱扣器、过电流脱扣器和分励脱扣器，但它只能做瞬时的短路和过载的脱扣动作。

2. 塑料外壳式低压断路器

塑料外壳式低压断路器又被称为装置式断路器。在制造上，它体积小，质量轻，结构紧凑，使用安全可靠，而且它的塑料外壳具有安全保护的作用。它可以单独安装，既可以用作配电网络的保护开关，也可以用作照明电路、电动机等的控制开关。

塑料外壳式断路器装上检漏保护元件就构成了一个漏电保护断路器，俗称漏电开关。常见的型号有 DZ12L-60、DZ15L 等。它的主要作用是在低压网络中发生人身触电和漏电事故时，为了使人身和设备免受危害，迅速切断故障电路。

（三）断路器的选用

（1）要根据电气装置的要求来选定类型、极数、脱扣器的类型以及附件的种类和规格。

（2）要依据最大的工作电流来选择断路器的额定电流。要注意，为了保证分断的安全可靠，断路器的极限分断能力不能小于网络的最大短路电流。

（3）断路器的作用是为电动机提供短路保护。作为单台电动机的短路保护，如果是 DW 系列断路器，瞬时脱扣器的整定电流为电动机启动电流的 1.35 倍；如果是 DZ 系列断路器，瞬时脱扣器的整定电流为电动机启动电流的 1.7 倍。作多台电动机的短路保护时，一台 1.3 倍最大电动机的启动电流再加上其余电动机的工作电流就是瞬时脱扣器的整定电流。

（4）当断路器作为配电变压器低压侧总开关时，它的分断能力应比变压器低压侧的短路电流值大。脱扣器的额定电流应该比变压器的额定电流大。一般情况下，短路保护的整定电流为变压器额定电流的 6~10 倍；而过载保护的整定电流与变压器额定电流相等。

（5）在初步选定断路器的类型和等级的情况下，为了避免越级跳闸，扩大事故范围，还要配合上、下级开关的保护特性。

（四）断路器的日常维护

（1）检查断路器所带的最大负载是不是比额定值小。

（2）检查连接点和接触点处是否出现过热现象。

（3）检查传动机构是否有变形锈蚀和销钉松脱的现象。同时检查相间绝缘主轴是否出现裂痕、表层剥落，以及放电现象。

（4）检查脱扣器的整定值，检查它的指示位置是否发生变动，间隙正常与否，电磁铁表面是否清洁，线圈是否出现过热现象，以及是否有异常响声。

（5）检查灭弧罩工作位置是否有因受振而移位的现象，检查其外观是否完整，是否存在喷弧痕迹和受潮现象。为了避免在断开时发生飞弧现象而扩大事故，不论是多相，还是一相，只要灭弧罩损坏，就应停止使用，在修配好以后方能再次使用。

（五）断路器的检修

一般情况下，每半年断路器需进行一次全面的维护与检修，检修的主要内容如下：

（1）为保证断路器绝缘良好，要清除断路器上的灰尘、油污等。

（2）将灭弧罩取下，检查灭弧栅片的完整程度以及清擦表面的金属细末和烟痕，另外，外罩需完整无损。

（3）检查触头表面，将烟痕清擦干净，并用细砂布或细锉将接触面打平，但是要保持触头的原有形状。触头的银钨合金表面如果烧伤超过 1mm，就应更换材料与之相同的触头。

（4）对触头弹簧的压力进行检查，检查它是否因过热而失效，并对三相触头的位置和弹簧压力进行调节，使三相触头可以同时闭合，同时保证接触面无破损，接触压力要一致。

（5）缓慢地用手分闸、合闸，检查辅助触头的常闭和常开接点的工作状态是否合乎要求，并且对辅助触头的表面进行清擦，如果有损坏现象，就需要更换。

（6）对脱扣器的衔铁和拉簧进行检查，看其动作是否灵活、活动是否正常，同时检查电磁铁的工作极面是否光滑、清洁、平整、无锈蚀，是否有毛刺和污垢，热元件的各部位是否有损坏现象，它的间隙是否正常。

（7）对各脱扣器的电流整定值和延时进行检查，特别是要用试验按钮对半导体脱扣器的动作情况进行检查。也要用按钮检查漏电断路器是否可以可靠地工作。

（8）为保持机构动作灵活，要在操作机构传动机械部位添加润滑油。

（9）以上项目都检修完毕后，要通过几次传动试验，来检查动作是否正常，尤其是要确保连锁系统动作的准确无误。

六、按钮

（一）按钮的结构和用途

1. 按钮的结构

按钮是一种短时间接通或断开小电流电路的手动控制器，又被称为按钮开关。它的组成部分主要有按钮帽、触头、接线柱、复位弹簧和外壳等。一般情况下，使用按钮的控制电路，交流电压为380V，额定电流不大于5A。

2. 按钮的用途

按钮一般在电路中通过发出启动或停止指令来控制电磁启动器、接触器和继电器等电器线圈电流的接通或断开，然后再由它们来控制主电路。除此之外，按钮也可以用来控制信号装置。人们将按钮做成不同颜色，如红、绿、黑、黄、蓝、白等，是为了区别各个按钮的作用。通常情况下，绿色表示启动按钮，红色表示停止按钮。

按钮对电路进行控制的途径是：用手动的形式按下按钮帽时，常开（动合）触头会闭合，而常闭（动断）触头会断开；松开按钮后，在复位弹簧的作用下，按钮的触头会恢复原位。

（二）按钮的分类

根据用途和触头的结构的不同，按钮可以分为三种：启动按钮、停止按钮和复合按钮；根据防护方式及结构形式的不同，按钮可分为以下几种：开启式、紧急式、旋钮式、防水式、保护式、钥匙式、防腐式以及带指示灯式等。

（三）按钮的选择

（1）选择类型的依据是具体用途和使用场合。例如，一般情况下，柜面板、控制台上的按钮用开启式，如果需要显示工作状态，则要选用带指示灯式；在非常重要的场所，可以用钥匙式来避免无关人员的错误操作；防腐式一般用在有腐蚀的场合。

（2）选择按钮和指示灯的颜色的依据是工作情况和工作状态指示的要求。例如，绿色用于启动或接通，红色用于停止或分断，黄色用于应急或干预。

（3）选择按钮数量的依据是控制电路的需要。例如，在只需进行启动和停止控制的情况下，可在同一按钮盒内装两只按钮；在需要正（向前）、反（向后）及停止三种控制的情况下，可在同一按钮盒内装三只按钮。

七、继电器

继电器会根据某一输入量来换接执行机构，是一种起传送信号作用的电器。

（一）中间继电器

中间继电器是一种电压继电器，它的触头数量较多、触头容量较大，除此之外，它还是一种电磁式继电器。在各种自动控制电路中，它的作用是信号传递、放大、分路、隔离和记忆等。

在中间继电器的众多种类中，最常见的是 JZ7 系列产品，它们适合用于交流 50Hz 或 60Hz、电压至 500V、电流至 5A 的控制电路中，作用是控制各种电磁线圈。

（二）时间继电器

时间继电器是一种自动控制电器，它的作用是延迟触头开闭，常见的形式有空气阻尼式、电动式、电磁式、晶体管式等。其中空气阻尼式时间继电器的应用最广泛，因为它结构简单，使用方便，价格低，延时范围大。空气阻尼式时间继电器又被称为气囊式时间继电器，最常用的是 JS7-A 系列产品，它的两种类型是通电延时继电器和断电延时继电器。

（三）热继电器

热继电器是一种控制电器，作为电气设备（主要是异步电动机），其作用是进行过载保护。它的应用十分广泛，因为它结构简单，成本低，体积小，而且保护特性好。

1. 热继电器保护特性要求

热继电器长期不动作的电流就是热继电器的整定电流，可以通过电流调节装置来调整整定电流的大小。热继电器的保护特性就是过载电流与动作时间的关系。在我国电工行业标准中，热继电器的保护特性要求见表 5. 1。

表 5.1 热继电器的保护特性要求

过载电流/整定电流	动作时间	起始状态
1.0	长期不动作	
1.2	<20min	从热态开始①
1.5	<2min	从热态开始
6	<5s	从冷态开始

注：① 从热态开始是指以额定电流加热使热继电器发热至稳定温度后开始试验。

2. 热继电器的选用

为了使电动机得到必要而又充分的过载保护，在选择热继电器时，单纯地只考虑电动机的额定电流是不科学的，除此之外，一般还应该考虑以下问题：

（1）电动机的规格、型号和特性。

（2）选择热继电器的额定电流的依据是被保护电动机的额定电流，然后再选择热元件的额定电流。

（3）正常启动时的启动时间和启动电流。

（4）选择电动机连接形式时，如果电动机是星形连接的，则需要选用三极热继电器；而如果电动机是三角形连接的，则选用的热继电器应带断相保护装置。

3. 热继电器的安装及运行注意事项

（1）应在底板上垂直安装热继电器，通常倾斜度不超过 5°，它的盖板应朝上，呈水平位置。要保证热元件可以均匀受热，同时为了减少被箱内其他电器发热影响，热继电器应尽可能地装在电器箱下方。

（2）在运行以前，应保证手动动作的正常灵活，应在手动跳闸以后，按动按钮，动作应灵活，复位要可靠。

（3）接线时必须将接线螺钉拧紧，以使导线与热继电器发生可靠接触，然后使用万用表检查控制触头，保障良好的接触。

（4）通常出厂时热继电器是手动复位，如果需要自动复位，只需沿顺时针方向转动复位螺钉。并将其稍微地拧紧即可。如果要调回手动复位，就需要沿逆时针旋转复位螺钉，为了防止振动时复位螺钉松动，要将其拧紧。对于 JR14 型热继电器，如果需要自动复位，只要在整定好电流的前提下，把旋钮中的白色复位按钮调节好，按下并旋转 90°即可。但需要注意的是，不要使调节旋钮转动。

（5）避免因时间过短，双金属片不能复位，从而造成电路或热继电器仍有故障的假象。在热继电器脱扣动作后，如果要采用手动的方式复位，那么应该过 2min 再按复位按钮复位；如果采用自动复位的方式，应该过 5min 再运行。

（6）当被保护的设备发生短路故障后，应该检查双金属片和热元件是否有显著变形的现象出现，如果变形显著，应该进行更换。

（7）新换的热继电器的电流值应该和原来的热继电器保持一致，且电流调节范围要近似。一般热继电器不管是什么型号，都可以替换。

（8）热继电器的整定电流值应该和被保护电动机的额定电流值保持一致，另外还应该有上、下调节裕度。通常情况下，为了确保它能起到正确的保护作用，在使用时，调节旋钮刻度应与额定电流值对准。对于重载启动的电动机，其整定值可以稍微比额定电流值（取 105IN）大一点。在操作频率较高的情况下，可以选择带电流互感器和速饱的热继电器。正反转工作或者操作频率高的电动机可选择埋入电动机定子的热敏电阻型温度继电器做过载保护，而不适合采用热继电器保护。

（9）如果是星形连接的电动机，选用的热继电器可为二极或三极；如果是三角形连接的电动机或是带短路保护的电动机，应该选用三极的或者带断相保护的热继电器。

八、漏电保护器

在规定的条件下，当漏电电流达到或超过给定值时，能自动断开电路的机械开关电器或组合电器的装置就是漏电保护器。通常情况下，漏电保护器为了提供间接接触保护，都被安装在由中性点直接接地的三相四线制低压电网中。另外，它也可以作为直接接触保护的补充保护，前提是它的额定动作电流不高于 30mA。

（一）漏电保护器的分类

1. 根据漏电保护器所具有的保护功能与结构特征分类

可以分为漏电继电器、漏电断路器、漏电开关和漏电保护插座（图 5. 2）四类。

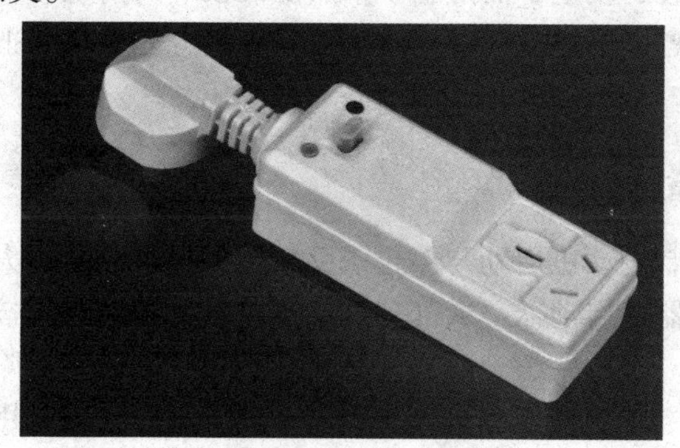

图 5. 2 漏电保护插座

2. 根据漏电保护器的工作原理分类

可以分为电压动作型和电流动作型两类。

3. 根据漏电保护器中间环节的结构特点分类

可以分为电磁式和电子式两类。

4. 根据漏电保护器的额定漏电动作电流值分类

可以分为高灵敏度漏电保护器、中灵敏度漏电保护器和低灵敏度漏电保护器三类。

5. 根据漏电保护器的动作时间分类

可以分为瞬时型（又称快速型）漏电保护器、反时限漏电保护器和延时型漏电保护器三种。

6 根据漏电保护器主开关的极数和电流回路分类

可以分为二极漏电保护器、单极二线漏电保护器、二极三线漏电保护器、三极漏电保护器、三极四线漏电保护器和四极漏电保护器六类。

（二）漏电保护器的主要技术指标

漏电保护器的主要技术指标有以下几点：额定漏电不动作电流、额定漏电动作电流、漏电分断时间和额定漏电分断时间（额定漏电动作时间)、在额定漏电动作电流与额定漏电不动作电流之间的漏电动作电流等。

装设漏电保护器是一种有效的后备安全措施，仅仅能够预防人身触电伤亡事故的发生，而防患于未然是最根本的措施。我们应正确地认识到这一点，不能把漏电保护器的作用过分夸大，而把根本的安全措施忽视了。

九、启动器

用来控制电动机启动与停止或反转用的具有过载、失电压保护功能的控制电器是启动器。大部分启动器都是由接触器、按钮和热继电器等电器按一定方式组合而成的，只有少数手动启动器除外。电磁启动器、星—三角启动器和自耦减压启动器等都是比较常用的。

(一) 电磁启动器

1. 电磁启动器的功能

电磁启动器是由交流接触器和热继电器组装在铁壳内，与控制按钮配套使用的启动器。它的作用是对笼型电动机作正反转控制或直接启动，又被称为磁力启动器。

在电磁启动器中，热继电器的作用是过载保护，接触器的作用是兼起欠电压和失电压保护，搭配上带熔丝的刀开关后可作为隔离开关，从而起到短路保护的作用。如果配的是有断相保护装置的热继电器，那么，这个电磁启动器又具有了断相保护作用。如此一来，电磁启动器的保护功能就比较完善了。

2. 电磁启动器的分类

以控制电动机运转方向为分类标准，电磁启动器可分为可逆电磁启动器和不可逆电磁启动器两种；以外形的防护类型为分类标准，电磁启动器分为开启式和保护式两种；以有无热继电器为分类标准，电磁启动器又可分为有热保护和光热保护两种。

3. 电磁启动器的特点

电磁启动器是一种比较理想的直接启动装置，它可以控制不高于75kW的电动机频繁直接启动，不仅操作安全方便，而且还可以进行远距离操作控制，在条件许可的情况下，应尽可能采用。

4. 电磁启动器的选择和使用

选择电磁启动器，主要是选择额定电流和调节热继电器整定电流。它的选择原则和热继电器与接触器一样，这是因为接触器和热继电器是电磁启动器的组成部分。

要特别注意的是，选择和使用电磁启动器时，电动机的额定电流都应略小于电磁启动机的额定电流和热继电器热元件的额定电流，其中电磁启动机的额定电流就是接触器的额定电流。

（二）星—三角启动器

1. 星—三角启动器的特点

这种启动器适用于按三角形连接方式工作，并且定子绕组有六个接线端子的笼型异步电动机。在启动的时候，定子绕组是星形连接，等到电动机的转速增加到了一定的程度时，会变成三角形连接。通过这种启动方法，在启动时每相定子绕组所加的电压会减到电路额定电压的57.7%，电流会变成直接启动时的1/3，同时启动转矩也比直接启动时减少2/3，所以，星—三角启动器只适合空载或轻载启动。

2. 星—三角启动器的种类

（1）QX1系列

QX1系列是手动空气式星—三角启动器，是用手柄来操作的。

操作方法：在电动机停转的时候，手柄是在“0”位置；当启动电动机时，要将手柄扳到“Y”位置，电动机就会接成星形启动；等到转速正常以后，将手柄迅速扳到“△”位置，这时电动机就会接成三角形运行。将手柄扳回“0”位置即可停机。

手动空气式星—三角启动器应与保护电器搭配使用，因为它没有保护装置。

（2）QX10系列

QX10系列是按钮控制式星—三角启动器，它的组成部分是三只交流接触器和一只热继电器，除此之外，另配三只按钮。起过载保护作用的是热继电器，接触器可以兼起失电压保护作用，电源断电后，当再来电时，启动器没有自行启动功能。

操作方法：在启动QX10系列时要按动两次按钮，开始启动时先按“Y”启动按钮，等到转速接近正常的时候，需要再按动“△”

运行按钮，这时，就已进入正常运行。按停止按钮即可停机。

(3) QX3 和 QX4 系列

QX3 和 QX4 系列是自动星—三角启动器，其组成部分是三只交流接触器、一只时间继电器和一只三相热继电器，除此之外，还配启动按钮和停止按钮各一只。这两种启动器的外形结构有两种：开启式和保护式，型号的最后一个符号分别为字母 K 和 H，有外壳的是保护式。

操作方法：在启动器操作的时候，只需要按一次启动按钮，时间继电器就会自动将启动时间延迟，到事先规定的时间的时候，就会自动换接成三角形进入正常运行。起过载保护作用的是热继电器，接触器可以兼起失电压保护作用，需要特别注意的是，在使用 QX3 和 QX4 系列自动星—三角启动器前，应该适当地调整时间继电器和热继电器。

(三) 自耦减压启动器

1. 自耦减压启动器的结构和特点

自耦减压启动器是一种常用来启动较大容量笼型异步电动机的减压启动装置，又被称为补偿器。自耦减压启动器的组成部分是变压器、开关的触头、热继电器、启动按钮和欠压继电器。

现在自耦减压启动器在农村被广泛应用，这是因为自耦减压启动器是依靠自耦变压器的多个触头减压的。它不仅能满足不同负载的启动需要，而且得到的启动转矩比星—三角启动器启动时还要大。不仅如此，它还装有低电压脱扣器和热继电器，过载和失电压保护完善。

2. QJ3 系列

QJ3 系列是手动自耦减压启动器。它的组成部分是热继电器、三相自耦变压器、触头、操作手柄、失电压脱扣器以及机械连锁装置等。在箱底有绝缘油，而触头浸在绝缘油中，绝缘油的作用是灭弧。机械连锁装置可以阻止操作手柄由“停止”位置直接拉到“运行”位置，从而避免直接启动。热继电器起过载保护作用，失电压脱扣器起失电压保护作用。

操作方法：在启动的时候，先将手柄推到“启动”位置上，等到电动机转速接近额定转速的时候，迅速把手柄拉到“运行”位置，电动机就可以在额定电压下正常运行了。只要推动停止按钮即可停机。

3. QJ10 系列

QJ10 系列是一种统一设计的更新产品，它的电路、内部结构和使用方法等基本都和 QJ3 系列一样。它的主要特点是省掉了油和油箱，而且是空气式，使用带断相保护的热继电器，有断相保护作用。

十、接触器

利用电磁吸引力及弹簧反作用力配合动作，而使触头闭合与断开的电器是接触器。

（一）接触器的特点、用途和分类

接触器具有操作安全方便、动作迅速、具有欠电压及零电压保护作用以及能频繁和远距离操作等优点。它的主要作用是作为电动机的主控开关，另外，也可以作为小型发电动机、电热设备、电焊机等设备的主控开关。通常把接触器与热继电器、熔断器等配合使用，因为虽然接触器有一定的过载能力，但是它没有过载保护的功能，也不能将短路电流切断。

接触器有两类：交流接触器和直流接触器，其中交流接触器最常用。其中交流接触器又有很多系列：B 系列、CJ10、CJ12、CJ20、CJX1F 等系列，最常用到的是 CJX1F 系列交流接触器。

（二）接触器和选择

1. 额定电压的选择

接触器的额定电压不能比被控制电路的额定电压低。

2. 额定电流的选择

接触器的额定电流不应比电动机的额定电流低。如果接触器用作电动机的频繁启动或反接制动，应该先将接触器的额定电流降低一二级后方可使用。

3. 线圈额定电压的选择

线圈的额定电压应该等于所控电路的额定电压，一般选择的是 380V 和 220V，为了确保安全，必须使用较低的电压，可以选择 36V、110V 或者 127V，但前提是要通过变压器给接触器的线圈供电。

（三）接触器的安装和维护

（1）在安装接触器的时候，注意要将主触头串联在主电路内，而辅助触头则应接在控制电路内。

（2）接触器安装在地板上时应注意要与地板垂直，并且要保证周围环境的清洁和干燥。

（3）为了避免造成接触器触头抖动或者发生误动作，在安装的时候应注意安装处不应有剧烈振动。

（4）要经常将接触器零件上堆积的粉尘、油垢等污物清除干净，以确保接触器内部的清洁。清洁方法可以是先用压缩空气吹，用毛刷刷，然后用酒精棉布将其擦净，最后用干布将其擦干。经常对接触器零件进行清洁，可以防止发生触头虚接、铁芯间隙、运动机构卡阻等故障。

（5）对接触器所有紧固螺钉及紧固件，要经常将其紧固，尤其是当接触器安装面有振动的现象时，更要经常对它进行检查，以防零件或导线松动脱落，造成接线螺钉处接触器电阻增大，导致断相、相间短路、局部发热及机械卡死等故障的发生。另外，还要对软连接导线进行检查，看它是否发生断裂，如果有断裂情况发生，要及时更换接触器。

（6）为了确保金属外壳及金属支架接地可以安全可靠运行，要经常检查它是否牢靠。

（7）要定期对接触器运行机构运动是否灵活进行手动检查，并且将少量润滑油注入转轴及轴承间隙。有些接触器有机械连锁，要对机械连锁机构工作的可靠性进行定期检查。如果运动机构有卡阻、动作不灵活的现象，要及时对其调整。

第二节 电动机

在现代工业生产中，电动机是主要的动力。在工作中，电动机如何选型是电工经常遇到的问题。如何与负载匹配，以及使用与维护的诸多问题也是电工必须考虑的。

一、电动机的构成与分类

电动机的主要组成部分是定子、风扇、端盖、转子及接线盒等。

电动机主要有异步电动机、同步电动机、同步发电动机、直流电动机和各种专用电动机。

电动机的分类方法很多，可以按照外壳防护形式、安装方式分类，也可以按照结构形式及用途、冷却方式、工作制和定额等各种方式分类，还可以按功率分类，如功率为 0.55~250kW 的是小型异步电动机，功率为 250~1 400kW 的是中型异步电动机。

二、直流电动机

（一）直流电动机的基本结构

直流电动机的主要组成部分是定子、电刷装置、机械支撑、电枢、通风以及防护装置等。

直流电动机的定子主要由主磁极、换向极、机座组成，大型直流电动机还有补偿绕组。

直流电动机的电枢又称转子，它的主要组成部分是电枢铁芯、电枢绕组、换向器和转轴等。

直流电动机的电刷装置包括电刷、刷握、刷杆、刷杆座等。

直流电动机的机械支撑部分主要包括轴承、端盖等。

冷却器、过滤器、风扇或风机、防护罩和挡风板等都是直流电动机的通风和防护装置。

（二）直流电动机的分类

直流电动机的分类方法有按结构分类、按用途分类以及按容量大小分类等，但最有意义的是按照励磁方式分类，因为不同励磁方式的直流电动机的特性有明显的区别，便于了解其特点。

1. 他励式

他励式直流电动机的励磁绕组不与电枢绕组相连接，而是由其他的电源供电。永磁式直流电动机亦属于这一类，因为永磁式直流电动机的主磁场由永久磁铁建立，与电枢电流无关。

2. 并励式

并励式直流电动机就是将励磁绕组与电枢绕组并联。并励式直流电动机的励磁电流与电枢两端的电压有很大的关系。

3. 串励式

串励式直流电动机就是将励磁绕组与电枢绕组串联。

4. 复励式

复励式直流电动机同时具备并励绕组和串励绕组，在同一主极铁芯上套着这两种励磁绕组套。这时，并励和串励两种绕组的磁动势可以相加，也可以相减，前者称为积复励，后者称为差复励。

他励、并励和复励是一般的直流电动机的主要励磁方式。这种电动机又总称为自励电动机，因为并励和复励时的励磁电流是电动机自己供给的。而直流电动机的励磁电流都是由外电源供给的，没有他励和自励的区别。

（三）直流电动机的应用

直流电动机的优点是具有良好的启动性能和调速性能。较之交流电动机，它的缺点是结构较复杂，成本较高，维护不便，可靠性稍差，尤其是换向问题，使得它的发展和应用受到限制。近几年，随着电子电力技术的迅速发展，不断涌现出了许多与电力电子装置结合，使其具有直流电动机性能的电动机。但是，交流调速技术替代直流调速还需要经历一个较长的过程。所以，直流电动机仍然在非常复杂的拖动系统中，被用于很多场合。现在，在冶金、矿山、交通、运输、纺织印染、造纸印刷、制糖、化工和机床等工业中需要调速的设备上，直流电动机的应用依然很广泛。

（四）直流电动机的使用与维护

1. 直流电动机使用前的准备及检查

（1）要将电动机的内部及其换向器外表的电刷粉末、灰尘和污物等清扫干净。

（2）检查电动机的绝缘电阻，对于额定电压为500V以下的电动机，如果绝缘电阻比 0.5MΩ 低，则在烘干以后才能使用。

(3) 检查换向器表面是否光洁，如发现有机械损伤、火花灼痕或换向片间云母凸出等，应对换向器进行保养。

(4) 对电刷进行检查，要检查其边缘有没有碎裂，刷辫是否完整，是否有断股或断裂的现象，电刷是否磨损到了最短的长度。

(5) 检查电刷的刷握内有无卡涩或摆动情况，弹簧压力是否合适，各电刷的压力是否均匀。

(6) 对各部件的螺钉进行检查，看其有没有松动。

(7) 检查各操作机构是否灵活，位置是否正确。

2. 改变直流电动机转向的方法

电枢导体的受力方向决定了直流电动机的旋转方向。根据左手定则，当电枢电流的方向或磁场的方向（即励磁电流的方向）两者之一反向时，电枢导体受力方向即改变，电动机旋转方向随之改变。有些情况下，电枢电流和磁场的方向会同时发生改变，此时电动机的旋转方向不会改变。

在实际工作中，常用改变电枢电流的方向来使电动机反转。原因是励磁绕组的匝数比较多，电感也比较大，在更换励磁绕组端头的时候，产生的火花较大，并且当磁场过零的时候，有可能导致电动机发生“飞车”事故。

3. 直流电动机运行中的维护

(1) 检查电动机的声音是不是正常，定子、转子之间是否发生摩擦，轴瓦或轴承是否有异样的声音。

(2) 经常测量电动机的电流和电压，注意不要过载。

(3) 检查电动机各部分是否都处于正常的温度下，同时要对主电路的换向器、连接点、刷握、电刷刷辫及绝缘体进行检查，看它们有没有过热变色或者出现绝缘枯焦等不正常的气味。

(4) 检查换向器表面的氧化膜颜色是否正常，电刷与换向器间有无火花，换向器表面有无碳粉和油垢积聚，刷架和刷握上是否有积灰。

(5) 对电动机各部分的振动情况进行检查，异常现象的发现要及时，并尽快将设备隐患消除。

(6) 检查电动机通风散热情况是否正常，通风道有无堵塞不畅的情况。

(五) 直流电动机的常见故障及排除方法

直流电动机的常见故障及排除方法见表5.2。

表5.2 直流电动机的常见故障及排除方法

常见故障	可能原因	排除方法
电动机不能启动	(1)因电路发生故障，使电动机未通电 (2)电枢绕组断路 (3)励磁回路断路或接错 (4)电刷与换向器接触不良或换向器表面不清洁 (5)换向极或串励绕组接反，使电动机在负载下不能启动，空载下启动后工作也不稳定 (6)启动器故障 (7)电动机过载 (8)启动电流太小 (9)直流电源容量太小 (10)电刷不在中性线上	(1)检查电源电压是否正常；开关触点是否完好；熔断器是否良好；查出故障，予以排除 (2)查出断路点，并修复 (3)检查励磁绕组和磁场变阻器有无断点；回路直流电阻值是否正常；各磁极的极性是否正确 (4)清理换向器表面，修磨电刷，调整电刷弹簧压力 (5)检查换向极和串励绕组极性，对错接者予以调换 (6)检查启动器是否接线有错误或装配不良；启动器接点是否被烧坏；电阻丝是否烧断，应重新接线或整修 (7)检查负载机械是否被卡住，使负载转矩大于电动机堵转转矩；负载是否过重，针对原因予以消除 (8)检查启动电阻是否太大，应更换合适的启动器，或改接启动器内部接线 (9)启动时如果电路电压明显下降，应更换直流电源 (10)调整电刷位置，使之接近中性线

（续）

常见故障	可能原因	排除方法
电动机转速过高	(1)电源电压过高 (2)励磁电流太小 (3)励磁绕组断线，使励磁电流为零，电动机飞速 (4)串励电动机空载或轻载 (5)电枢绕组短路 (6)复励电动机串励绕组极性接错	(1)调节电源电压 (2)检查磁场调节电阻是否过大；该电阻接点是否接触不良；检查励磁绕组有无匝间短路，使励磁动势减小 (3)查出断线处，予以修复 (4)避免空载或轻载运行 (5)查出短路点，予以修复 (6)查出接错处，重新连接
励磁绕组过热	(1)励磁绕组匝间短路 (2)电动机气隙太大，导致励磁电流过大 (3)电动机长期过压运行	(1)测量每一磁极的绕组电阻，判断有无匝间短路 (2)拆开电动机，调整气隙 (3)恢复正常额定电压运行
电枢绕组过热	(1)电枢绕组严重受潮 (2)电枢绕组或换向片间短路 (3)电枢绕组中，部分绕组元件的引线接反 (4)定子、转子铁芯相擦 (5)电动机的气隙相差过大，造成绕组电流不均衡 (6)电枢绕组中均压线接错 (7)电动机长期过载 (8)电动机频繁启动或改变转向	(1)进行烘干，恢复绝缘 (2)查出短路点，予以修复或重绕 (3)查出绕组元件引线接反处，调整接线 (4)检查定子磁极螺栓是否松脱；轴承是否松动、磨损；气隙是否均匀，予以修复或更换 (5)应调整气隙，使气隙均匀 (6)查出接错处，重新连接 (7)恢复额定负载下运行 (8)应避免启动，改变转向过于频繁

（续）

常见故障	可能原因	排除方法
电刷与换向器之间火花过大	(1)电刷磨得过短，弹簧压力不足 (2)电刷与换向器接触不良 (3)换向器云母凸出 (4)电刷牌号不符合条件 (5)刷握松动 (6)刷杆装置不等分 (7)刷握与换向器表面之间的距离过大 (8)电刷与刷握配合不当 (9)刷杆偏斜 (10)换向器表面粗糙、不圆 (11)换向器表面有电刷粉、油污等 (12)换向片间绝缘损坏或片间嵌入金属颗粒造成短路 (13)电刷偏离中性线过多 (14)换向极绕组接反 (15)换向极绕组短路 (16)电枢绕组断路 (17)电枢绕组和换向片脱焊 (18)电枢绕组和换向片短路 (19)电枢绕组中，有部分绕组元件接反 (20)电动机过载 (21)电压过高	(1)更换电刷，调整弹簧压力 (2)研磨电刷与换向器表面，研磨后轻载运行一段时间进行磨合 (3)修整云母片 (4)更换与原牌号相同的电刷 (5)紧固刷握螺栓，并使刷握与换向器表面平行 (6)可根据换向片的数目，重新调整刷杆间的距离 (7)一般调到2~3mm (8)不能过松或过紧，要保证在热态时，电刷在刷握中能自由滑动 (9)调整刷杆与换向器的平行度 (10)研磨或车削换向器外圆 (11)清洁换向器表面 (12)查出短路点，消除短路故障 (13)调整电刷位置，减小火花 (14)检查换向器极性，在发电机中，换向器的极性应为沿电枢旋转方向，与下一个主磁极的极性相同；而在电动机中，则与之相反 (15)查出短路点，恢复绝缘 (16)查出断路元件，予以修复 (17)查出脱焊处，并重新焊接 (18)查出短路点，并予以消除 (19)查出接错的绕组元件，并重新连接 (20)恢复正常负载 (21)调整电源电压为额定值

三、异步电动机

异步电动机是交流电动机的一种，它负载时的转速与所接电网频率的比值不是恒定的。在异步电动机中，感应电动机应用最为普遍，所以也称感应电动机为异步电动机。异步电动机在工农业等国民经济的各部门均被广泛应用。它不仅可以作为水泵、拖动机床、起重卷扬设备、风机、轻工和农副加工设备及一般机械的动力，而且还可以在农村小型电站用作发电机。由于异步电动机具有价格低、维修使用方便等特点，因此得到了广泛应用。在电网的总负荷中，异步电动机的用电量占60%以上，在生产中，90%左右的电气原动力均为异步电动机。

（一）单相异步电动机

单相异步电动机又称单相感应电动机，它的优点是结构简单，供电电源方便，便于维护，成本低廉，运行可靠等。但与同容量的三相异步电动机相比，其体积较大，运行性能也较差。所以，单相异步电动机使用的只是功率较小的机械，如小型水泵、油泵、排风扇、鼓风机、小型机床和家用电器及医疗器械等。

1. 单相异步电动机的结构

单相异步电动机的组成部分是机壳、转子、端盖、定子、转轴、风扇、轴承等。有的单相异步电动机还具有启动元件（如离心开关等）。它的定子是由定子铁芯和定子绕组组成的，转子和笼型三相异步电动机的转子是一样的。

2. 单相异步电动机的分类

按照启动和运行方式，单相异步电动机可以分为电阻启动、电容运转、电容启动、电容启动与运转以及罩极式等，其中，电容启动与运转又叫双值电容。

3. 单相异步电动机常见型号标示

（1）YC7124

单相电容启动异步电动机有高 71mm 的轴中心，铁芯长度为 2 号，是 4 极。

（2）B02-6314

单相电阻启动异步电动机，第二次改型设计，轴中心高 63mm，1 号铁芯长度，4 极。

（3）YJF-0.6

YJ 表示单相罩极异步电动机，其中 F 代表方形，它的输出功率是 0.6W。

（4）70YJ02

单相罩极异步电动机，轴中心高 70mm，规格序号为 2。

（二）三相异步电动机

三相异步电动机又称三相交流感应电动机，优点是制造容易，结构简单，维护方便，工作可靠，价格低，现已成为工农业生产中应用最广泛的一种电动机。

1. 三相异步电动机的基本结构

尽管三相异步电动机的类型有很多，外形和局部结构也各不相同，但是它们主要的结构部件大致相同。

笼型三相异步电动机和绕线型三相异步电动机的结构如图 5.3 所示。

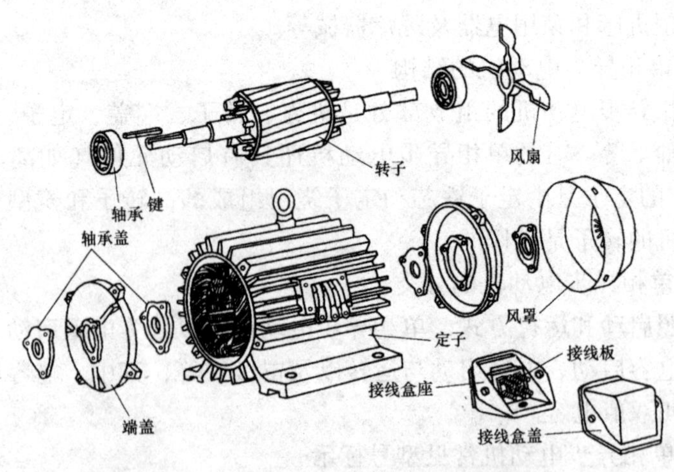

图 5.3 笼型三相异步电动机的结构

2. 三相异步电动机的接法

电动机在额定电压下，三相定子绕组 6 个首末端头的连接方法就是所谓三相异步电动机的接法，常用的有星形（Y）和三角形（△）两种。

三相定子绕组的每相都有首端和末端两个引出线头。按照国家规定的标准，分别用 U1 和 U2 表示第一相绕组的首端和末端，第二相绕组的首端和末端分别用 V1 和 V2 表示，第三相绕组的首端和末端分别用 W1 和 W2 表示。在接线盒的接线柱上引入这 6 个引出线头，并在接线柱上标出各自对应的符号。

三相定子绕组的首末端是生产厂家事先预定好的，绝不能任意颠倒，但可以将三相绕组的首末端一起颠倒。

3. 异步电动机的运行

（1）在启动新安装的或者三个月以上都没有用过的电动机之前，应该用 1 000V 绝缘电阻表分别测量、检查绕组相对相和相对地的绝缘电阻。额定电压为 500V 以下电动机的绝缘电阻一般应大于 0.5MΩ，如果低于此值，需将绕组烘干，或者在发动机上挂上警示牌，然后让电动机空运转并保持一段时间，这样做的目的是通过让电流发热以驱出潮气，等到电动机的绝缘电阻大于 0.5MΩ 时，就可以正式运行了。

（2）检查电动机及启动设备接地是否可靠和完整，接线是否正确，接触是否良好。

（3）检查电动机铭牌所示的电压、频率是否与电源电压、频率相符。

（4）检查电动机转动是否灵活，滚动轴承内的润滑油是否达到规定的油量。有些电动机和负载机械是连接在一起的，要使其转动，通常要借助于工具，这就是工作现场所说的“盘车”。

（5）检查电动机各紧固螺栓及安装螺栓是否拧紧。

（6）对电动机所用的熔断器的额定电流进行检查，看其是否符合要求。

在检查完毕后，可启动电动机，注意观察电动机是否有异常现象，若有噪声、振动及发热等不正常情况，要分析并判断造成异常的原因，并及时采取相应的措施，等到消除异常现象以后，才能再次运行。

启动绕线转子异步电动机时，应将启动变阻器接入转子回路中。有些电动机有电刷提升结构，对于这样的电动机，应该将电刷放下，并将短路装置断开，将定子电路开关合上，并同时扳动变阻器。当电动机接近额定转速时，提起电刷，合上短路装置，电动机启动完毕。

4. 异步电动机的维护

（1）要注意异步电动机的振动、噪声和气味是否正常。如果绕组的温度太高就会有绝缘焦味散出。有些故障特别是机械故障，很快会有不正常的振动和噪声反映出来，所以当发现有焦煳味散出，有不正常的振动或者发出碰擦声、特大的“嗡嗡”声等噪声时，要立刻断开电源，并对其进行检查。

（2）监视电源电压、频率的变化和电压的不平衡度。可能导致电动机过热或一些其他不正常的现象的原因有很多，例如，因电源电压和频率的过高或过低以及三相电压的不平衡所造成的电流不平衡。

（3）经常观察电动机的负载电流。电动机发生故障时，大都会使定子电流剧增，引起电动机过热。电动机的负载电流应该比铭牌上规定的额定电流值低，除了因负载的问题引起的短时过载外，电动机负载电流不应经常大幅超过额定电流，否则会造成电动机过热，绝缘寿命缩短甚至烧毁。如果电流过大，应立即将原因查明，并积极采取措施，在将不良情况消除以后，才能再次运行。

（4）电动机在正常运行时的温升应不超过允许的限度，运行时应经常监视各部分温升情况。

（5）要经常对轴承的发热、漏油情况进行检查，并且要定期换润滑油。在更换的时候，首先要用煤油将轴承及轴承盖清洗干净，然后再用汽油洗一遍。滚动轴承的润滑脂不宜超过轴承室容积的70%。

（6）检查绕线转子异步电动机的时候，应该对电刷磨损和火花情况以及电刷与集电环间的接触进行检查。若火花严重，必须及时清理集电环表面，并校正电刷弹簧压力。

（7）应注意使电动机内部保持清洁，而且要避免在电动机内部落入油污、水及杂物等。电动机的进、出风口必须保持畅通无阻。

运行后的电动机，要进行定期维修。一般情况下，维修分为两种：小修和大修。小修属于一般检修，对电动机、启动设备及其整体不作大的拆卸，约一季度一次。将电动机所有的零部件和传动装置拆卸下来，对其进行全面的检查和清洗就是大修，一般情况下，大修一年一次。

第三节 变压器

利用电磁感应作用将一种电压的交流电能转变成频率相同的另一种电压的交流电能的装置就是变压器。在电力系统中，它对电能的经济运输、灵活分配和安全使用具有重要意义，它还广泛应用于特殊用电设备以及电能的测试和控制。

一、变压器的结构和分类

（一）变压器的结构

变压器的主要组成部分有铁芯、油箱、线圈、绝缘线圈、吸湿器、绝缘套管、储油柜、分接开关、气体继电器等。铁芯和线圈是变压器进行电磁感应的基本部分，称为器身。油箱起机械支撑、冷却散热和保护作用，起冷却和绝缘作用的是变压器油，主要起绝缘作用的是套管。

（二）变压器的分类

变压器可以按照相数分为单相（图 5.4）、三相和多相变压器三种；按绕组数，可分为双绕组、三绕组、自耦变压器；按铁芯结构分类，可分为心式、壳式变压器；按照调压方式，可分为有载调压变压器和无励磁调压；按照用途，可以分为配电、联络、升压、降压、厂用电变压器和特种变压器（如试验变压器）等；按冷却方式分类，可分为干式自冷、油浸自冷、油浸风冷、强迫油循环变压器；按线圈导线材质分类，可分为铝线、铜线变压器。

图 5.4 单相变压器

二、变压器的基本安装要求

（1）在室内安装变压器时应将变压器安装在基础的轨道上，而且应使轨距与轮距配合；室外一般安装在平台上或杆上组装的槽钢架上。

（2）平台、轨道、钢架应保持水平。

（3）有滚轮的变压器轮子应转动灵活，安装就位后应用止轮器将变压器固定；装在钢架上的变压器滚轮呈悬空状态，并且器身与杆要用镀锌铁丝绑扎固定好。

（4）变压器的油枕侧应有1%~1.5%的升高坡度。

（5）在安装变压器的过程中，起重工应配合吊装作业，并且无论在什么时候都不要碰击套管、器身以及其他部件，要注意轻起轻放，避免发生严重的冲击和振动。

（6）吊装时，钢索必须系在器身供吊装的耳环上。吊装及运输过程中应有防护措施和作业指导书。

三、变压器的运行检查

（一）运行前的检查

（1）对变压器的铭牌数据进行核对，检查铭牌电压与线路电压是否保持一致。

（2）检查变压器外壳保护接地装置是否良好，绝缘电阻和接地电阻是否合格，防雷保护设备是否良好。

（3）对各处的接线进行检查，看其是否牢靠。

（4）检查油面是否正常，有无渗漏油现象，呼吸孔是否通气。

（5）对无载调压开关、高低压熔断器和熔丝进行检查，看无载调压开关是否正确，高低压熔断器是否正确安装，熔丝是否合适。

（6）检查引线及高低压套管是否完好，螺栓是否松动。

（二）运行中的巡视检查

（1）在变压器运行的时候，分别监视三相电压以及三相负荷电流的大小和是否对称，一般情况下，它们的偏差不超过10%。

（2）检查运行中变压器声响是否正常。变压器正常运行中，会发出均匀而轻微的“嗡嗡”声。如果变压器内存在各种故障或缺陷，会造成异常声响，例如：

①声音增大比正常沉重。对应电源电压过高、过负荷的情况。

②如果声音中夹杂着尖锐的声音，而且音调变高。可能是因为电源电压太高，铁芯过于饱和。

③声音增大并有明显杂音。对应铁芯未夹紧、片间有振动的情况。

④有爆裂声出现，则线圈和铁芯绝缘可能有击穿点。

（3）检查变压器的油位及油的颜色是否正常，是否有渗漏现象。检查变压器的油位时，可以根据油表检查，一般应该在油表刻度的1/4~3/4，当气温高的时候在上限侧，气温低的时候在下限侧。油面过低，应检查是否漏油。

对油质检查是通过观察油的颜色来进行的。最开始的新油是浅黄色的；在运行一段时间后，油会变成浅红色；如果油呈现暗红色，则说明油发生了老化或氧化得较严重；经短路、绝缘击穿和电弧高温作用的油中含有碳质，油色发黑。

（4）检查变压器运行时的温度是否在规定范围内。在变压器运行中，造成其温度升高的主要原因是器身自身的发热。正常运行时，上层油温不应超过85℃，最高不超过95℃。对于没有温度计的变压器，可以用水银温度计贴在变压器的外壳上测量温度，但一般情况下，温度应低于75~80℃。

（5）检查高低压套管是否清洁，套管、引线的连接是否良好。如果变压器运行正常，它的套管应该是清洁的，没有裂纹、破损或放电的痕迹，而且连接引线和导杆的螺栓应该是紧固的，并且没有变色的现象。

（6）检查防爆管、防湿器、接线端子是否正常。

（7）对变压器外接的高、低压熔丝进行检查，看其是否熔断。

（8）检查变压器接地装置是否良好。正常运行的变压器的外壳接地的接地线、中性点接地的接地线、防雷接地的接地线应紧密连接在一起，一起完好地接地，不会出现断股、锈烂等现象。

（9）恶劣天气下的特殊检查。气温异常的天气，巡视负荷、油温、油位变化情况；在大风天，注意引线有没有发生剧烈摆动的现象，导线上有没有搭挂异物；雷雨天，观察避雷器是否处于正常状态，检查熔丝是否完好；在雨雾天，检查套管等部位是否存在放电现象；在冬季，观察变压器上有没有积雪和冰冻。

四、变压器常见故障

变压器常见故障及处理方法见表5.3。

表5.3 变压器常见故障及处理方法

故障部位	故障种类	故障现象	故障可能原因	判断及处理
绕组	匝间短路	(1)变压器异常发热 (2)油温升高 (3)油发出特殊的“嗞嗞”声 (4)电源侧电流增大 (5)三相直流电阻不同，但差值小 (6)高压熔断器熔断，跌落式熔断器脱落 (7)储油柜盖有黑烟 (8)气体继电器动作	(1)变压器进水，水浸入绕组 (2)绕制时导线及焊接处的毛刺使匝间绝缘破坏 (3)油道内掉入杂物 (4)变压器运行年久，或长期过载造成绝缘老化，在过电流引起的电磁力作用下，造成绝缘开裂脱落	在绕组上加10%~20%的电压，绕组上冒烟处即为匝间短路点。一般需重绕线圈

（续）

故障部位	故障种类	故障现象	故障可能原因	判断及处理
绕组	层间短路	现象同匝间短路，但更严重，三相间的直流电阻的差值较明显	与匝间短路原因(3)、(4)相同	可通过直流电阻测量来判定层间短路所在相。需重绕线圈
	对地短路(绕组对油箱，夹件间击穿)和相间短路	(1)高压熔丝熔断 (2)安全气道膜片破裂、喷油 (3)气体继电器动作 (4)无安全气道及气体继电器的小型变压器油箱变形破坏	(1)主绝缘老化或有破损等重大缺陷 (2)绝缘油受潮严重 (3)由于漏油，油面严重下降，使引线等露出油面，绝缘距离不足而击穿 (4)其他短路造成绕组变形，引起对地短路 (5)由大气过电压或操作过电压引起 (6)引线随导电杆转动造成接地	故障现象十分明显，后果严重，应立即停电重绕线圈
	线圈断线	(1)断线处有电弧，使变压器内有放电声 (2)断线的相没有电流	(1)导线焊接不良 (2)匝间、层间、相间短路造成断线 (3)雷击造成断线 (4)搬动时强烈振动或安装套管时使引线扭曲断线	吊芯处理，若因短路造成，应重绕线圈，若引线断线则重新接线

(续)

故障部位	故障种类	故障现象	故障可能原因	判断及处理
铁芯	铁芯片间绝缘损坏	(1)空载损耗大 (2)油温升高 (3)油色变深 (4)吊芯检查可见漆膜脱落,部分硅钢片裸露,变脆,起泡并因绝缘炭化而变色(变深为黑色)	(1)受剧烈振动片间发生位移,摩擦引起 (2)片间绝缘老化或有局部损坏	检查吊芯并恢复绝缘:用1611或1030号漆涂铁芯叠片两侧,漆膜干后厚0.01~0.015mm
	铁芯片间局部熔毁	(1)高压熔丝熔断 (2)油色变黑,并有特殊气味,温度升高 (3)吊芯可看到硅钢片的热点,绝缘损坏变热	(1)夹紧铁芯的穿心螺杆与铁芯间绝缘老化,使螺杆与芯片接触造成芯片短路,发热引起局部熔毁 (2)铁芯两点接地形成涡流通路,造成发热点	吊芯后消除熔接点,恢复穿芯螺杆绝缘或消除多余接地点
	钢片有不正常响声	有各种不同于正常"嗡嗡"声的异常响声	(1)铁芯叠片错误(如缺片) (2)钢片在接缝处两边弯曲 (3)钢片厚度不均匀 (4)油道或夹件下有没固定好的钢片 (5)铁芯中叠有弯曲的钢片 (6)铁芯片间有杂物 (7)铁芯紧固件松动	夹紧夹件或进行重新叠片,消除发响的原因
	线圈断线	(1)断线处有电弧,使变压器内有放电声 (2)断线的相没有电流	(1)导线焊接不良 (2)匝间、层间、相间短路造成断线 (3)雷击造成断线 (4)搬动时强烈振动或安装套管时使引线扭曲断线	吊芯处理,若因短路造成,应重绕线圈,若引线断线则重新接线

（续）

故障部位	故障种类	故障现象	故障可能原因	判断及处理
变压器油	油质变坏	变压器油色变暗	(1)变压器故障引起放电,造成油分解 (2)变压器油长期受热氧化严重,油质恶化	定期试验、检查,决定进行过滤或换油
分接开关	触头表面熔化与灼伤	(1)油温增高 (2)高压熔丝熔断 (3)触头表面产生放电声	(1)开关装配不当,造成接触不良 (2)弹簧压力不够	定期(每年一、二次)在停电后将分接开关转动几周,使其接触良好
	相间触头放电或各分接头放电	(1)高压熔丝熔断 (2)储油柜盖冒烟 (3)变压器油发出“咕嘟”声	(1)过电压引起 (2)变压器油内有水 (3)螺钉松动,触头接触不良,产生爬电烧伤绝缘	
套管	对地击穿	高压熔丝熔断	(1)套管有隐蔽的裂纹或有碰伤 (2)套管表面污秽严重 (3)变压器油面下降过多	平时巡视时注意及时发现裂纹等隐患,清除污秽;故障后必须更换套管
	铁芯片间局部熔毁	(1)高压熔丝熔断 (2)油色变黑,并有特殊气味,温度升高 (3)吊芯可看到硅钢片的热点,绝缘损坏变热	(1)夹紧铁芯的穿芯螺杆与铁芯间绝缘老化,使螺杆与芯片接触造成芯片短路,发热引起局部熔毁 (2)铁芯两点接地形成涡流通路,造成发热点	吊芯后消除熔接点,恢复穿芯螺杆绝缘或消除多余接地点
	套管间	高压熔丝熔断	(1)套管间有杂物 (2)套管间有小动物	更换套管

第六章　常用配电线路

第一节　导线的连接

导线的连接是一项电工作业的最基本的工序，也是一项非常重要的工序。导线的连接可以分为以下几种：导线与设备元件、导线与导线、电缆与电缆、导线与电缆以及电缆与设备元件的连接。导线的材质、敷设方式、电压等级、截面大小、结构形式、连接部位、导线型号等条件都会影响到导线的连接。

一、导线连接的基本要求

导线连接质量的好坏直接关系着整个线路能否可以长期保持安全可靠的运行状态。导线连接最基本的要求如下：

（1）导线连接必须满足电气装置安装工程施工及验收规范的要求，它的标准号为 GB 50303—2002、GB 50173—1992。在没有特殊的要求或规定的时候，导线的芯线应采取焊接、套管连接或压板压接；在低压系统或者电流比较小的时候，可以采用绞接、缠绕连接的方式。

（2）不应该有夹渣、断股、凹陷、裂纹及根部未焊合的缺陷出现在熔焊连接的焊缝中。应按照焊接工艺要求来决定焊缝的外形尺寸，在焊接后，应对残余焊剂和焊渣进行清除。

（3）应保证锡钎焊连接的焊缝饱满，而且表面光滑；应选用没有腐蚀性的焊剂，且在焊好以后要将残余焊剂清除干净。

（4）压板或其他专用夹具应该和导线线芯的规格相匹配；紧固件应该拧紧、到位，防松装置要配备齐全。

（5）套管连接器件和压模等要和导线线芯的规格相匹配。

（6）剖切导线的绝缘层的时候，注意不要将线芯损伤；连接线芯后，绝缘带应均匀、紧密地包缠好，它的绝缘强度不能比导线原绝缘强度低。另外，应用绝缘带将接线端子的根部与导线绝缘层间的空隙处包缠严密。

为了避免发生相线与相线、相线与零线间的短路，凡是相线与相线、相线与零线间包扎绝缘的接头，都应该错开一定的距离。

（7）不管是在配线的分支线连接处，还是架空线的分支线连接处，都要避免干线受到支线的横向拉力。

（8）在架空线路中，严禁跨挡连接不同规格、不同材质、不同绞制方向的导线。在其他部位或低压配电线路中，必须由过渡元件完成，而不能由不同材质的导线直接连接。

（9）在采用缠绕法连接不高于10kV架空线路的导线时，应将连接部位的线股缠绕得良好、紧密，不应存在断股、松股等缺陷。

（10）选择由接续管连接的导线，然后根据连接后的握着力与原导线的保持来计算拉断力比，要保证接续管不低于95%，螺栓式耐张线夹不低于90%，缠绕法不低于80%。

（11）不管采用什么形式的连接方法，在连接导线后的电阻都不能比所接线长度相同导线的电阻大。

（12）当导线要和设备、元件、器具连接的时候，应该符合以下的要求：

①截面积不超过10mm^{2}的单股铜芯线、单股铝芯线可以直接连接设备、元件、器具的端子，但是，铜芯线应该在搪锡后再连接。

②只有经过拧紧且搪锡或压接端子处理后的且截面积不超过2.5mm^{2}的多股铜芯线的线芯才能连接设备、元件、器具的端子。

③多股铝芯线或截面积超过2.5mm^{2}的多股铜芯线的终端，应该在经过焊接或压接端子处理后再连接设备、器具的端子，自带插接式端子的设备例外。

（13）在经过搪锡或镀锡处理后，铜质导线才可以采用绞接或缠绕法连接，在连接以后要再次进行蘸锡处理。另外，连接单股与单股、单股与软铜线时，可以先把它表面的氧化膜连接后，再蘸锡。

（14）导线连接后，应该将毛刺或不妥处修理好，让它符合要求。

导线的连接最根本的就是必须紧密可靠，并可以承受住一定的拉力。每个初学者都必须做到，在一个检修周期以内，不可以因为载流或在可以通过电流的条件下发生发热、断裂、松动、生锈腐蚀或其他不妥的现象。

二、导线绝缘层的剥切方法

剥切导线绝缘层的方法有两种：剥削绝缘皮层和断切导线。

对于比较细的导线，可以用钳子将绝缘皮层直接剥除，具体方法是用右手握住钳头，使其自然合拢，使被夹住的导线从食指和中指间伸出，然后用左手拉线即可将其剥除。

对于比较粗的导线，则需要用电工刀将其剥除，在剥的时候先要用刀口绕导线一周，然后再斜45°切入导线，为了防止伤手，要将刀口朝外推切。切较粗的导线时，要用右手握住钳，使钳刃夹住导线放在大腿根上，抬起脚跟，左手扳住导线，用右手按住，用左手往上扳线，切断导线。

如果是铅包绝缘导线，要把导线放在一个硬物的表面，在铅包上用电工刀绕一周，把导线上下搬动，弄裂铅层，从而拉下铅皮。需要注意的是，切除内皮层的时候，不要使导线损坏。

三、导线连接的方法

导线连接可以分为直线连接和分支连接。其中，直线连接是一字形，它的目的是加长导线；分支连接是T形，是为了在干线上引出分支，另接电器。因为单股和多股导线连接的方法不同，这两种连接的形式也有所不同。

（一）单股导线的直线连接

（1）将两个线头分别剥去30~40mm的绝缘皮层。

（2）将两个线头十字交叉，并拧1~3个“X”。

（3）分别将两个线头紧密缠绕3~5圈，将余头剪去，然后将毛刺压紧。

（4）将两个线头缠好后离绝缘层约5mm，这样比较容易包扎绝缘。

（二）单股导线的分支连接

（1）分别将干线的皮层剥去15~30mm，将支线的皮层剥去30~50mm。

（2）将支线在干线上弄一个大钩，使其承受拉力，然后在干线上紧紧地缠绕3~5圈。

（3）将余头剪去，将毛刺压紧，要注意，连好的支线与干线绝缘层的距离，左右都不要多于5mm。

（三）多股导线（绝缘导线、裸导线）的直线连接

1. 多股导线的平行缠绕法

用砂纸将两根多股铜导线或铝导线上的氧化物打磨掉，然后使两根导线平行并拢，从中间或一端开始，用同一材质的绑线在上面缠绕150~200mm，最后将余头剪去，并将辅线拧成约3个花的小辫。

2. 多股导线的交叉缠绕法

把两根导线上的氧化物清除干净，然后将它拉直并分开使它呈伞骨状，隔开对插伞骨状的线头，然后将其并拢捏平。从并拢线的中间扳起一个线芯，将其沿顺时针方向缠绕3~5圈，再扳起一根线芯并使其与前一根十字交叉，将其压平，并剪去前一根的余头，把这两根线芯继续缠绕，用这样的办法，一直缠绕到最后一根线芯为止，最后剪去余头，将其拧成小辫。

3. 平行缠绕法和交叉缠绕法的操作要领

（1）分开两腿，比肩稍微宽一点，右手拿着钳，使钳刃朝外，左手拿着线放在右腋下，双腿略微弯曲一点。

（2）将绑线放好（绑线盘成盘并弯环），钳口送要用力（但注意不要将绑线夹断），钳眼带猛地用力（猛带绑线盘）。

（3）使钳子垂直并贴紧导线，以导线为轴心进行“送”与“带”，用这样的方法缠绕150~200mm（直线连接），最后将绑线和辅线拧成小辫，将余头剪去并将小辫砸平。

（四）多股导线的分支连接

首先将干线绝缘皮层剥去约300mm，支线剥去约500mm，然后将支线分成两组：七根的导线一组三根，一组四根。将这两组叉套在干线上，分别将两组支线紧密地缠绕在干线上，并把它压成紧线头毛刺，如图6.1所示。

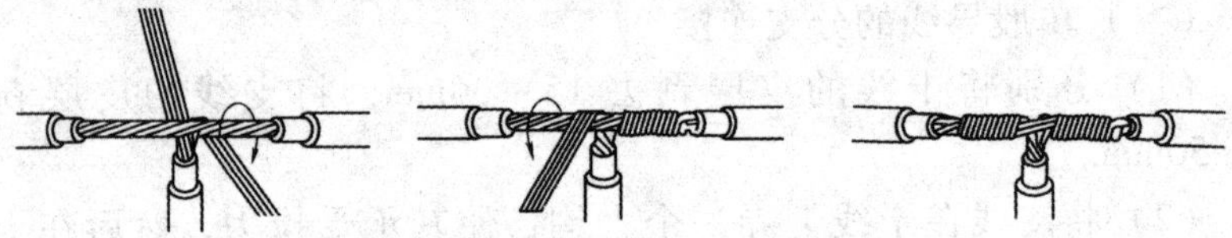

图6.1 多股导线的分支连接

（五）导线的压接

为了提高工作效率，连接多股导线时通常用压线管压接，其中，铜绞线用铜管，铝绞线用铝管。两线头清除氧化层后，并行套上压线管，用压线钳将其压紧即可。在导线与电气设备连接的时候，又可以分为三种：螺钉压接、螺栓压接和瓦楞板压接。

在螺钉压接的时候，为了增加接触面积并保证压紧，单股导线应该打"实回头"；在螺栓压紧的时候，单股导线应该弯"眼圈"，要注意，"眼圈"要圆，不能是半环，也不能是三角环，并且要按照顺时针方向安装；在瓦楞板压接的时候，为了增加接触面积并保证连接质量，单股线应打"空回头"。

四、导线与设备元件的连接方法

（一）单股导线与设备元件的连接

单股导线可以直接连接设备和元件的端子，但是铜线必须镀锡。

（1）如果端子是螺钉，应把导线弯成沿顺时针方向的圆环，其直径要与螺钉相配合，然后用螺钉加垫片、弹簧垫圈将其直接压好并拧紧。

（2）如果端子是针孔接线柱，可以在针孔内直接插入导线，并将螺钉拧紧，如果端子的针孔较大并且单股线不能将其充填满，可以插入同样多节裸线，以便将其拧紧。

（3）如果端子是瓦形垫片螺钉端子，可以将导线直接插到瓦形垫下，同时在瓦形垫另侧插入与上面一样的一节裸线并将螺钉拧紧，在接两根导线时，可以一侧接一根。要注意的是，瓦形垫片螺钉端子不可以将导线弯成 U 形后再将其卡入。

上述的螺钉在拧紧时要注意适度，为了防止螺钉溢扣，通常把弹簧垫圈压平就可以了。

（二）多股导线与设备元件的连接

多股导线连接设备端子的时候，压接与之规格相应的线鼻子是十分有必要的。例如，铝导线所对应的是铜—铝过渡线鼻子，而铜导线应该采用的是铜线鼻子，采用铜导线和铜线鼻子的设备所配备的铜端子接触面，应进行镀锡处理。固定线鼻子的螺栓应该平垫圈、弹簧垫圈齐全并且都是镀锌件，为了防止螺母溢扣，螺母拧到弹簧垫圈被压平就可以了。

在实际维修中，如一时间找不到相应的线鼻子，可以手工制作一个，等到找到合适的线鼻子再更换，制作线鼻子的方法如下：

（1）将绝缘层剥掉，绝缘层通常为 200mm。

（2）把导线撑直，要用砂纸把铜线打出金属光泽。

（3）取这其中的一根导线，在这根导线根部绝缘剥切的地方紧紧缠绕 10mm。

（4）从缠绕处将导线平均分为两根。

（5）在分开的根部用一个比设备端子的直径略微大一个规格的螺杆，并且将两部分弯成同螺杆直径相同的半圆，将上面的开口紧紧地闭合。

（6）将闭合口处用一根导线紧紧地缠绕 10mm。

（7）把距缠绕处近的导线都折回来，并使之与缠绕圈掐紧，然后剪掉多余的部分。

（8）最后在上面套上相应的平垫圈和螺母，并压紧它们，可以通过台虎钳将其压紧，在铜线上焊剂蘸锡。

将做好后的线鼻子试着套在端子螺栓上，用可以压住线鼻子的垫片螺母把它拧紧即可。

（三）多股软铜线与设备元件的连接

务必对线鼻子进行焊接，通常锡钎焊就可以了。对于不超过 $2.5mm^2$ 的软铜线，可以在镀锡后直接连接设备元件的端子。

五、导线的挂锡和绝缘的包扎

（一）导线的挂锡

在连接铜导线后，为了避免接头被氧化，以确保其接触良好，还需要对其进行锡锅蘸锡、电烙铁挂锡、锡锅浇锡等工作。

不管采取什么样的方法挂锡，都要先将导线表面的氧化物清除，并且要加焊剂，如焊膏、松香和稀酸，在使用电烙铁以前，首先要检查电源线是否存在破损、漏电的现象。要注意的是，要将烙铁头搁在金属支架上。为了防止锡爆烫伤，要戴上手套后才能进行蘸锡、浇锡。

现代社会技术进步很快，静电涂银新工艺已经被应用于大型导线，如汇流排中，这在提高工作效率的同时也确保了工艺的质量。

（二）绝缘的包扎

在处理好导线接头后，要对导线进行恢复绝缘。方法有很多种，既可以套树脂纤维管或塑料绝缘套管，也可以套冷缩管、热缩管。

采用胶带缠绕包扎法的具体操作是，先从绝缘处一带宽（15～20mm）处起头，倾斜45°，压一半，将其拉紧后，要再往返缠绕一次，总共缠绕4层。如果是在室外，还要再包上防水胶带，方法和包胶带是一样的。如果导线垂直，为了防止渗水影响绝缘，要注意将裙口朝下。

第二节　室内配线

给建筑物的用电器具、动力设备安装供电线路就是室内配线，可以分为单相照明线路和三相四线制的动力线路两种。室内配线一般分明装和暗装两种。其中，明装又分为明线明装（如瓷柱、瓷夹板配线）和暗线明装（如线管、线槽在墙壁上安装）；暗装也可以分为两种，明线暗装（如顶棚和天花板内的配线）和暗线暗装（埋在墙壁和地下的线管）。室内配线是初、中级电工必须具有的基本能力。

一、室内配线的基本要求

室内配线的要求除了安全可靠，还要求线路整齐美观、布置合理、安装牢固。下面是一般的技术要求：

（1）导线的额定电压应不小于线路的工作电压；导线的绝缘应符合线路的安装方式和敷设的环境条件。要使导线的截面积能够满足电气性能和力学性能的要求。

（2）配线时应尽量避免导线接头。导线必须接头时，接头应采用压接或焊接。在导线的连接处和分支处应避免受到机械力的作用。穿管敷设导线，在任何情况下都不能有接头，必要时尽量将接头放在接线盒的接线柱上。

（3）在建筑物里面配线，应呈水平或垂直的状态。如果导线是水平敷设的，那么导线距地面应不低于25m；如果导线是垂直敷设的，那么距地面应不低于18m。否则，应装设预防机械损伤的装置加以保护，以防漏电伤人。

（4）如果导线需要从墙壁穿过，应在导线上加套管保护。另外，套管两端的出线口最少应伸出墙面10mm。在天花板上走线时，可采用金属软管，但应固定稳妥。

（5）选择配线位置时应考虑两个方面：尽量远离热源和方便维修及检查。

（6）弱电线不能与大功率电力线平行，更不能穿在同一管内。如因环境所限，必须平行走线时，则应远离其他电力线50cm以上。

（7）报警控制箱的交流电源不可以与低压直流电源线和信号线在同一管内，而是应该单独走线。

（8）为了确保用电安全，室内电气管线和配电设备与其他管道、设备间的最小距离不得小于表6.1所规定的数值。不然，就要选择其他的措施来进行保护。

表 6.1 室内电气管线和配电设备与其他管道、设备间的最小距离（m）

类别	管线及设备名称	管内导线	明敷绝缘导线	裸母线	滑触线	配电设备
平行	煤气管	0.1	1.0	1.0	1.5	1.5
	乙炔管	0.1	1.0	2.0	3.0	3.0
	氧气管	0.1	0.5	1.0	1.5	1.5
	蒸汽管	1.0/0.5	1.0/0.5	1.0	1.0	0.5
	暖水管	0.3/0.2	0.3/0.2	1.0	1.0	0.1
	通风管	—	0.1	1.0	1.0	0.1
	上、下水管	—	0.1	1.0	1.0	0.1
	压缩气管	—	0.1	1.0	1.0	0.1
	工艺设备	—	—	1.5	1.5	—
交叉	煤气管	0.1	03	0.5	0.5	—
	乙炔管	0.1	0.3	0.5	0.50	—
	氧气管	0.1	0.3	0.5	0.5	—
	蒸汽管	0.3	0.3	0.5	0.5	—
	暖水管	0.1	0.1	0.5	0.5	—
	通风管	—	0.5	0.5	0.5	—
	上、下水管	—	0.1	0.5	0.5	—
	压缩气管	—	0.1	0.5	0.5	—
	工艺设备	—	—	1.5	1.5	—

注：表中有两个数据者，第一个数值为电气管线敷设在其他管道之上的距离；第二个数值为电气管线敷设在其他管道下面的距离。

二、室内配线技术要求与工序

（一）配线技术要求

（1）要按照施工图纸进行配线。图纸对导线、灯具、配电箱位置和预埋方式都作出了技术要求和规定。

（2）配线水平敷设时距地面 2. 5m 以上，垂直敷设时地面以上要套 2m 的保护管。

（3）配线在套有保护套管时，才可以穿越楼板、墙壁，常见的保护套管有瓷管、竹管、钢管、硬塑料管等。

（4）配线穿越建筑物的伸缩缝、沉降缝时要留有余量。线管配线应加补偿装置。

（5）最好不要让配线有接头，禁止在线管、线槽内出现接头，如果需要接头或分支，一定要配备接线盒和分线盒。

（6）尽可能不要使配线交叉，如果要交叉，应该将绝缘套管套在离墙面近的导线上。

（7）配线和电器设备与油管、水管、暖气管、煤气管等管线之间要保持一定的安全距离，一般为0.1~1m。

（8）将配线安装完后，要对其进行仔细的检查。查看是否有错、漏的现象，并且查看线路的绝缘电阻是否有短路或者接地的现象发生，用来检查的仪器是绝缘电阻表。

（二）室内配线工序

（1）反复熟悉施工图纸，对于有异议或不明之处找有关技术部门咨询，必要时提出图纸变更意见。

（2）要以施工图为依据，确定配电箱、灯具、插座、开关的具体位置，并且要以施工进度为根据，把接线盒、管线、固定螺栓等预埋工作做好。

（3）进行线管穿线。

（4）在墙面抹灰以后，方可做导线明敷设以及安装电气设备的工作。

（5）收尾检查、整理查漏补缺，以待验收。

三、室内配线方式

室内配线的方式非常多，现在使用最普遍的是线管配线、线槽配线、瓷柱配线、护套线配线和桥架配线。室内外都用的还有滑触线配线和钢索配线。

（一）绝缘子配线

1. 绝缘子配线的应用

绝缘子配线有三种绝缘子应用最普遍，即柱式（鼓式）、针式和蝶式。目前，这种配线方式在室内用得不多，只有某些动力车间、变电站或室外使用。

2. 绝缘子配线的安装

将绝缘子配线的安装步骤简洁地说就是四步：定位固定绝缘子、放线、绑扎导线和安装电器设备。绝缘子安装距离依不同的施工条件，一般横向距离为1.2~3m，纵向距离为0.1~0.3m。

安装绝缘子配线有以下几点工艺要求：

（1）在建筑物上配线的时候要注意，通常导线要搁置在绝缘子上，放在绝缘子的下面或外面也是可以的，但切忌将其放在两绝缘子中间。

（2）导线弯曲、转角、换向时，绝缘子要装在导线弯曲的内侧。

（3）如果导线没有在一个平面弯曲，就需要将绝缘子安排在凸角的两面。

（4）导线分支时，分支处要装设绝缘子；导线交叉时要在靠近墙面的那根导线上套绝缘管。

（5）在绑扎导线的时候，要保证将导线调平、收紧。

（二）护套线配线

作为一种补充配线或临时配线，一般情况下护套线配线都在家庭或办公室内使用。它直接敷设在墙壁、梁柱表面，也可以穿在空心楼板内。固定的方法大多是用钢钉塑料卡钉。卡钉的规格应该与护套线的规格一样。卡钉与卡钉之间的距离约为0.3m。在固定的时候，要注意捋直、放平护套线（扁护套线），卡钉之间的距离要保持一致。根据经验，卡钉的距离或距屋顶的距离可以用锤子柄衡量，这样可以提高工作效率。若画出线路走向横、竖线，沿线敷设则更美观。

（三）线槽配线

线槽配线是临时或工程改造配线的一类，如果是实施一户一表工程，要在墙壁或者走廊上敷设装有导线的线槽。线槽的固定拼装，具体工艺步骤如下：

1. 固定

要在固定点用冲击钻穿Φ6mm的孔，并且将塑料胀管置于孔内。将底板用木螺丝牢固地固定住，固定点距离约0.3m。分支与转角处要加强固定点。

2. 拼装

为了方便受力与固定，要在接头处错开底板和盖板。保证转角处的底、盖都被合好，且使横、竖槽板各呈45°的斜角。分支处在横板1/2处锯出45°的三角，竖板锯出45°的尖角，使横竖相配。要将线槽与塑料台相切处线槽呈圆弧状，而且要使相切没有缝隙。

3. 布线

安装电器件，在线槽内放进导线并且将盖板盖好。

现在30mm以上的线槽都配有接头、弯头、内外转角等配件，这样施工方便，减少了工序，提高了工作效率。

（四）桥架配线

1. 桥架配线概述

现代社会出现了许多高层的大型建筑物，并且发展非常迅速，造成的结果是传统的配线满足不了现代建筑的需要，建筑物内的负荷增大，各种线路增多，供电干线已不能埋入墙体或楼板内。在这种情况下，桥架配线应运而出，成为主角。

桥架配线是线槽配线的翻版，就是将线槽放大了，但与线槽不同的是，固定桥架主要有悬吊式和支架式两种。桥架内的配置又分强电电源主干线（主要是电线电缆）和弱电（如网线、监控线、电话线和电视馈线等）电源主干线。

2. 桥架配线的安装要求

（1）桥架的固定吊杆、金属支架等，要在墙体粉刷前安装固定。

（2）桥架的主要配件是箱体、弯头、三通、连板、波弯、四通、大小头等，这些都要在按施工图纸组装以后方可进行安装。

（3）为了保证良好的接地，箱体连接处要跨接接地线。

（4）安装桥架的时候一定要将其装牢，在布线完成以后要将盖板盖好，如果有的地方漆被碰掉了要补刷或补喷好。

（五）线管配线

1. 线管配线的特点与方式

将导线穿在管内的敷设方法就是线管配线。线管配线的优点是防潮、防腐，而且导线不容易受直接的损伤。但导线发生断线、短路故障后，换线维修比较麻烦。

线管配线有两种：明敷设和暗敷设。明敷设就是在墙壁或者其他的支持物上敷设线管，也被称为暗线明装；暗敷设将线管埋入地下、墙内，也称暗线暗装。目前常用的线管有金属镀锌（镀铬）电线管和高强度的PVC管。

2. 线管配线的步骤与工艺要求

（1）选管

要根据施工图纸设计的要求来选管，通常对象如果是大型永久性建筑物，应该选择金属管；中小型建筑物使用PVC管。根据穿线的截面和根数选择线管直径，绝缘皮层在内的穿管导线的外总截面不应比线管内径截面的40%大。

（2）下料布管

用钢锯、管子割刀或无齿电锯，按所需线管长短进行下料，并锉去管口毛刺。为了大大减少配管的工序，以提高工作效率，现在的线管弯曲有弯头，连接有接头，分支有三通，粗细管连接有大小头等配件，如图6.2所示。

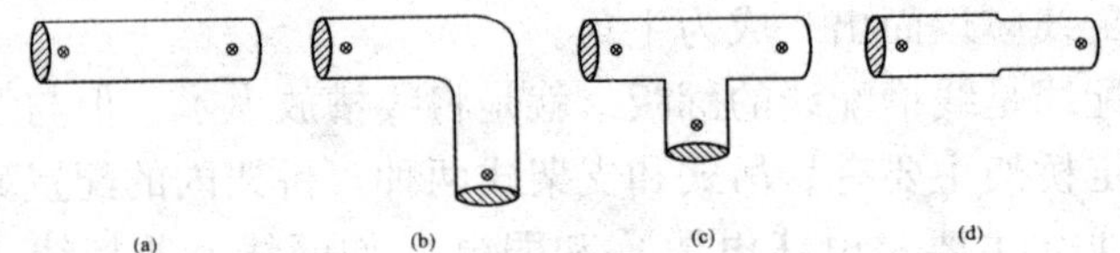

图6.2 线管配件

(a) 接头 (b) 弯头 (c) 三通 (d) 大小头

暗装布管时，如果需要在现场浇筑混凝土，应该在将模板支好，扎好钢筋以后，再将线管组装好固定在钢筋上；若布在砖墙内，应先在墙上留槽或开槽；若布在地下，应在混凝土浇筑以前预埋。为了便于牵引导线，在布管的同时，需要在线管内穿上铁丝。管口要用废旧纸张、塑料封堵，防止砂浆、杂物进入管内，影响穿线。

在明装布管的时候，应沿着墙壁、柱子等处敷设线管，要将线管用卡子固定住，其中，塑料管要用塑料卡子固定，固定金属管用的是金属卡子，金属管连接处要跨焊接地线。接线盒、配电箱等都要进行良好接地。当线管穿越建筑物的沉降缝（伸缩缝或变形缝）时，要在伸缩缝的旁边装设补偿装置，以防因地基下沉或热胀冷缩而使线管和导线受到损伤。补偿装置接管的一端用根母拧紧，另一端不用固定。当明装时可用金属软管补偿，软管留有弧度，用以补偿伸缩。

（3）穿线安装电器

当完成土建地坪和粉刷的工作以后，要尽快将线穿上，因为在布管的时候，已经在管内设计好了牵引导线的铁丝，此时根据线管长度裁剪导线并依据火、地、零导线规定的颜色选择导线，将数根导线并拢（线管内导线最多8根），并与牵引铁丝一端绑扎好。然后，一个人往管子里面送线（送线人一定要谨慎，以防导线绝缘皮层被管口刮伤），另一人在另一端牵引铁丝。若推拉不动或线管有折弯处，则送线人要拉出一段导线，再送拉，如此反复几次让导线打弯后再前进。如果穿线没有成功，造成导线离开牵引铁丝或者误漏穿引铁丝，就需要对导线进行重新穿牵，这时的牵引线要用弹性较强的钢丝，钢丝头要弯成不易被挂的圆形角头（易穿入管内）。穿好导线后，进行电器元件的安装工作。需要注意的是，要压紧连接螺栓的螺帽或螺钉，不要有虚点也不要压绝缘，接线盒内导线要留有余量，电器件安装要牢固、端正。

第三节　低压架空线路

简单地说，低压架空线路就是将导线架设在电杆上的低压输电线路。低压架空线路具有投资费用低、施工期短、维修方便、易于发现和处理故障等特点。在环境污染较轻、用电区域分散以及用电对象对供电的可靠性没有特殊要求的地方，低压配电系统被广泛应用。

一、低压架空线路主要组成部件及安装

低压架空线路的主要组成部分是导线、电杆、绝缘子、金具、横担、拉线和电杆基础等。为了安全，有些架空线路还设有防雷保护设施（如避雷线）及接地装置。

（一）电杆

作为架空线路最基本的组成部分之一，电杆主要起到支撑导线、

横担、绝缘子和金具等作用，使导线对地面及其他设施（如建筑物、桥梁、管道及其他线路等）之间能够保持应有的安全距离（常称限距）。

1. 电杆的分类

按照制作电杆的材质，可以将电杆分为三种：木电杆、金属电杆和钢筋混凝土电杆。按电杆在线路中的作用分为直线杆、耐张杆、转角杆、终端杆、分支杆和跨越杆六种。

2. 电杆的埋设

在埋设电杆的时候，应该依据电杆长度、承受力的大小以及土质情况来确定埋设的深度。一般15m及以下的电杆，埋设深度约为电杆长度的1/6，最浅不应小于1.5m；变台杆不应小于2m；如果埋设电杆的地方是土质较软、流沙或地下水位较高的地方，还应将电杆基础进行加固。

（二）横担

电杆上部用来安装绝缘子以固定导线的部件就是横担，它的作用是使所有导线之间保持特定的距离，防止风吹摇摆而造成相间短路。因此，横担应具有一定的长度和足够的机械强度。

1. 横担的分类

按制作横担的材料可将其分为三种：木横担、瓷横担和铁横担；根据受力可分为中间型、耐张型、终端型三类。中间型横担只承受垂直负载。耐张型横担的缺点是承受两端导线拉力差。终端型横担需要将导线的最大允许拉力都承担住。

2. 横担的安装

对于不超过10kV的架空线路的横担，应该在受电侧安装直线杆，而且应该在拉线侧安装90°转角杆和终端杆。

（三）绝缘子

绝缘子就是俗称的瓷瓶，它的制成材料是电瓷材料与金属固定件。其作用是将导线固定或者支持导线，并使导线与导线之间或与横担、电杆及大地之间相互绝缘。正常情况下，它不但要承受工作电压和大气过电压的作用，还要承受导线的垂直荷重和水平荷重。除此之外，只要导线断线了，承受导线拉力的也是绝缘子。综上所述，绝缘子不仅要电气绝缘强度好，而且要保证具有良好且足够的机械强度。

1. 绝缘子的分类

绝缘子按工作电压可分为高压绝缘子和低压绝缘子；按用途可分为电器绝缘子、装置绝缘子和线路绝缘子；导线固定方式和绝缘子受力情况，可分为针式绝缘子、悬式绝缘子、拉线绝缘子、瓷横担和蝶式绝缘子（俗称茶台）等。

2. 绝缘子的外观检查

（1）对绝缘子的型号、规格、安装尺寸进行检查，看其是否符合要求，安装是否适当。绝缘子的电压等级不得低于线路的额定电压。

（2）对绝缘子的瓷件和铁件进行检查，看它们的组合是否结合紧密，是否有歪斜和松动的现象，铁件镀锌是否良好。

（3）绝缘子瓷釉表面应光滑且无裂纹，检查其是否掉渣、缺釉、斑点、烧痕、气泡等缺陷。

（4）对绝缘子上的弹簧锁、弹簧垫进行检查，看它们的弹力是否恰当。

（5）应剔除硫黄浇灌的绝缘子。

（四）拉线

拉线的作用是使电杆各方面的作用力平衡，防止电杆因为风力或导线的拉力倾斜甚至倒下。凡承受导线拉力不平衡的电杆（如转角杆、终端杆和分支杆等）、受较大风力的电杆、土质松软地区的电杆或者装有电气设备的电杆，都需要装上拉线。

1. 拉线的分类

拉线可以按照具体作用与适用场合的不同，分为以下几种：

（1）普通拉线

普通拉线的主要作用是平衡拉力，它主要用在线路的终端杆（称终端拉线）、转角杆（称转角拉线）、耐张杆等处。

（2）两侧拉线

在横线路方向安装，装于直线杆两侧（也称人字拉线），用以增强电杆抗风能力。

（3）四方拉线

在横线路方向和顺线路方向电杆的四个面都安上拉线，以使耐张杆的稳定性增强。

（4）过道拉线

电杆距离道路太近，不能就地安装拉线时，即在道路另一侧立一根拉线杆，在此杆上做一条过道拉线。为了避免对交通产生妨碍，过道拉线应该维系一定高度，所以过道拉线又被称为水平拉线。

（5）共同拉线

因地形限制不能安装拉线时，可将拉线固定在相邻电杆上，用以平衡拉力，这种拉线叫共同拉线。

（6）V形拉线

在电杆、横担和架设导线条数较多的时候，会用到V形拉线，即分别将一条拉线安在拉力的合力点的上、下两个地方，其下部则合为一条，这样就构成一个V形。

（7）弓形拉线

有时因为地形的限制，不能安装拉线，这时为了防止电杆变弯，可以进行弓形拉线。即在电杆中部加支柱，在其上下加装拉线，它又称为自身拉线。

2. 拉线的结构

普通拉线组成部分主要是上把、腰把（又称中把）、底把（又称下把）。通常，拉线是由半径为2mm的镀锌铁丝（8号线）绞合而成的。

3. 拉线的安装注意事项

（1）拉线与电杆的夹角应该大于45°，即使因地形受到限制，也应该不小于30°。

（2）终端杆的拉线及耐张杆的承力拉线应与线路方向对正，防风拉线应与线路方向垂直。

（3）如果拉线要穿过公路，拉线与公路中心的垂直距离最小为6m。

（4）采用UT型及楔形线夹固定拉线时，应在线扣上涂润滑剂；线夹舍板与拉线接触应紧密，在受力以后，不能出现滑动现象；线夹的凸肚应该位于线的尾侧，在安装的时候，不能使导线受到损伤；拉线弯曲部分不应有明显松股，拉线断头处与拉线主线应可靠固定；尾线回头后与本线应绑扎牢固。此外，在线夹处露出来的拉线尾线应长300~500mm，应将线夹螺杆露扣，而且要留有不小于1/2螺杆丝扣长度，以备调紧；调紧后，其双螺母应并紧。若用花篮螺栓，则应封固。

（5）过道拉线的拉桩杆应该以10°~20°的角度向张力的反方向倾斜，埋的深度应是杆长的1/10加上0.7m，拉桩坠线与拉桩杆夹角应不小于30°，拉桩坠线上端固定点的位置距拉桩杆顶应为0.25m。

（五）金具

金具是用来安装导线、横担、绝缘子和拉线的，又被称为铁件。常用低压金具如图6.3所示。

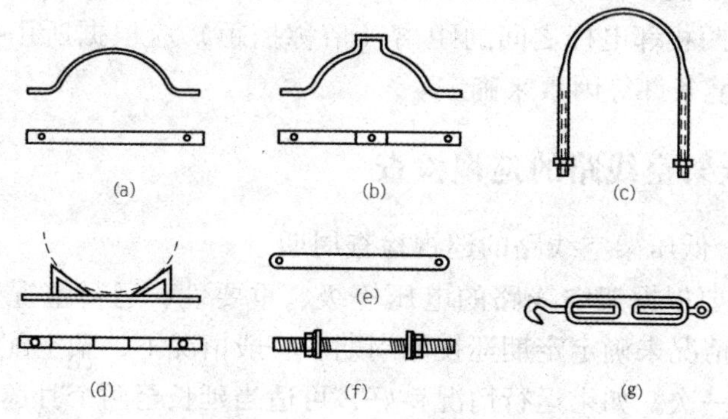

图6.3 常用低压金具

（a）圆形抱箍 （b）带凸抱箍 （c）横担抱箍 （d）横担垫铁
（e）支撑扁铁 （f）穿心螺栓 （g）花篮螺栓

（六）导线

架空线路的主体是导线，它的作用是传输电能。因为架在电杆上的导线要经常承受自重、风、雨、冰、雪、有害气体的侵蚀以及空气温度变化的影响等，因此，要求导线不仅要导电性能好，而且要机械强度和腐蚀性能保持良好。

二、低压架空线路安装的一般规定

（1）尽可能沿着道路平行敷设低压架空线路；低压架空线路路径应尽可能避免通过以下地方：各种露天堆放场以及铁路、起重机或汽车起重机频繁活动的地区，易受山洪、雨水冲刷的地方，严禁跨越易燃、易爆物的场院和仓库。

（2）如果双电源线路是向重要的负荷供电的，不应该架设在同一根线杆上；架设低压线路不同回路导线时，应使动力线在上，照明线在下，路灯照明回路应架设在最下层。直线横担的数量不应该多于4层，且各层横担间不能低于要求的最小距离，以便维修。

（3）低压线路的导线，一般采用水平排列，其次序为：面向负荷从左侧起，导线排列相序为L1、N、L2、L3。其线间距离不应小于规定数值。

（4）如果架空线路需要在不同的地区通过，导线要与地面、水面、道路、建筑物或其他一些设施保持一定的距离，以确保其安全运行。

（5）两相邻电杆之间的距离（俗称挡距）应根据所用导线规格和具体环境条件等因素来确定。

三、低压架空线路的巡视检查

（一）低压架空线路的巡视检查周期

（1）要根据架空线路的电压等级、重要性、运行情况和沿线环境的具体情况来确定定期巡视的周期。一般情况下，架空配电线路应每月巡视一次。如果运行情况良好，可适当延长至两个月巡视一次。

（2）在有恶劣天气的时候，要以架空线路沿线环境的不同特点为依据，开展不同性质的特殊巡视。

（3）根据架空线路所承受的负载大小及绝缘子脏污情况，适当进行夜间巡视。

（4）如果架空线路有故障发生，要以变电所出线开关保护装置的动作情况为依据，开展巡视活动。

（二）巡视检查内容

1. 电杆

（1）电杆是否出现倾斜、弯曲的现象，各部件是否变形，螺栓、销等紧固件是否发生松动现象。

（2）基础有无下沉、冲刷或形成孤立台。

（3）钢筋混凝土杆是否出现裂纹、露筋的现象；木杆是否被腐朽。

（4）电杆上有无鸟巢或其他异物。

（5）检查电杆接地引下线是不是依然完好。

2. 导线及架空地线

(1) 导线是否被锈蚀、断股、烧伤。

(2) 导线连接处有无接触不良、过热现象。

(3) 导线三相的弧垂是不是保持一致，是不是与当时的气温相适应。

(4) 导线对各种交叉跨越距离及对地垂直距离是否符合规定。

(5) 弓子线与接地部位的距离是不是合乎规定。

(6) 绑线、线夹、护线条、铝带及金具附件等有无异常现象。

3. 绝缘子

(1) 绝缘子是否有破损、裂纹的现象，是否有闪络放电的现象发生，表面是不是非常脏污。

(2) 悬式绝缘子的金属紧固件有无锈蚀、缺少、脱出或变形。

(3) 检查针式绝缘子有没有脱母、倾斜的现象。

(4) 陶瓷横担的固定螺栓有无松动，倾斜角度是否符合规定。

4. 拉线、戗杆等

(1) 拉线是否发生松弛断股、锈蚀等现象。

(2) 上、下把是否连接牢固，附件是否完整。

(3) 检查拉桩、保护桩等是不是有损坏，拉线棒有没有呈现异常的现象。

(4) 戗杆是否完好，有无位移。

(5) 水平拉线与路面中心的垂直距离是不是合乎规定。

四、低压架空线路的防事故措施

因为架空线路都架在露天，而且受气候变化及环境条件的影响很大，所以非常容易出现因外在因素引起的事故。为保证线路的安全运行，防止事故的发生，除定期对线路进行巡视检查外，还要采取以下防事故措施：

1. 防雷

每年在雷雨季节到来之前，都要将已损坏的绝缘瓷瓶或零值瓷瓶换掉；将防雷装置检查、试验并安装好；对接地装置进行检查、维修，测试其接地电阻值。

2. 防暑

为了防止因为弧垂过大而发生事故，在高温季节以前，要及时检查和调整弧垂、交叉的跨越距离；对大负载线路和设备要加强温度监视，并注意各连接点的温度情况。

3. 防寒

为了防止因为弧垂过小造成断线现象，在严冬到来以前，要对弧垂进行检查；在冬季要随时注意覆冰情况。

4. 防风

多风季节前，在线路两侧剪除过近的树枝，清除线路附近杂物，检查杆基，必要时加固。

5. 防汛

在雨季前，要加固因为挖地动土造成杆基不稳定或者容易被河水冲刷的电杆。

6. 反污

在容易发生污染事故的季节到来前，对绝缘子进行测试、清扫；在空气被污染的地区，应该用防污绝缘子代替普通绝缘子。

五、低压架空线路常见故障与排除方法

1. 大风碰线

大风碰线的故障经常在低压线路发生。因为低压线路线间的距离较小，而且线较松弛，弧垂较大。遇有大风，常常发生碰线引起的线间扭绕短路。轻者熔断器熔断，重者烧断电线，致使停电事故的发生，对行人的安全造成威胁。

排除方法：

(1) 在敷设线路的时候，要严格按照弧垂的标准进行紧线，导线的松紧要适度。

(2) 要经常巡视线路，特别是炎热的夏季，因气温高，导线受热伸长。当发现导线松弛时，要及时停电调整弧垂。

(3) 不要使挡距过大，通常要不大于 40m。

2. 断线故障

(1) 在重新敷设架空线路的时候，导线的最小截面面积允许值

要严格地按照机械强度进行校验。运行经验表明，选取导线截面面积要比机械强度最低允许值向上偏一级为好。

（2）避免导线拉力过大。冬天的时候，要使巡视力度增强，及时发现并测量调整弧垂较小的挡距。对新架线路和检修过的线路应在入冬前测量、鉴定弧垂。

（3）施工中致使导线损伤或导线制造得不合格。应使新建线路的检查验收和新投入运行线路的巡视工作得以加强，及时发现缺陷并更换。

（4）导线上结冰而被拉断。可采用电流熔冰法或机械除冰法及时清除导线上的覆冰层。

（5）裸铝绞线因为运行的时间比较长，而且因为自然风化和腐蚀的作用，造成导线非常硬脆，且机械强度下降。导线直径在 25mm 以下的，一般 15~20 年应大修更换。

3. 树倒砸线和树梢连线

（1）统一规划。为了避免暴风雨中，树倒下后砸到导线，严禁在架空线路两旁和底下种植高大的乔木等绿化植被。

（2）每年春、秋两季，对架空线路两旁的树枝要修剪或砍伐，保持线路与树木的水平和垂直距离，以免因树枝碰线而引起短路或接地故障。

4. 电杆撞坏和折断故障

（1）如果电杆在交通要塞的路口，为了防止车辆将电杆撞破，要在电杆外部从地平面到距离地平面以上 1~1.5m 的范围内浇注水泥护桩。

（2）发现电杆根部被击碎而露出钢筋时，要及时修复或换新杆。

（3）巡线的时候要检查电杆拉线是不是完整，要及时将断股缺损的拉线进行修复。

（4）纠正因撞击或杆基陷落引起的电杆歪斜。

5. 绝缘子破碎和零值瓷瓶

（1）架空线路绝缘子是用金属固定件和瓷绝缘件浇注而成的。由于长期自然界温差变化和电场的作用，产生肉眼不可见的“内伤”，受潮、绝缘电阻降低接近为零。如果发现了零值瓷瓶，就要立刻将其换掉，否则有可能导致线路接地或短路故障。

每1~3年，要摇测一次线路绝缘电阻，以及时发现并更换零值瓷瓶。

(2) 外力破坏。因为线路张力的原因或者人为损坏，瓷绝缘子经常会出现局部破碎脱落的现象。要加强线路巡检，及时更换已破损的瓷绝缘子。

第四节 电缆线路的敷设

由导线、绝缘层、包护层等构成的电信号传输系统就是电缆线路，它的作用是传送电报、图像、数据、电话和电视节目等。电缆线路的造价比架空线路高，但其不用架设杆塔，占地少，供电可靠，极少受外力破坏，对人身安全。

一、电缆线路敷设的准备工作

(一) 检查电缆安装预埋件及对土建工程的要求

(1) 预埋件要与设计要求一致，安装要牢固，应及时将遗漏的、错误的进行纠正。有关电缆安装的电杆、钢索、卡子、管子、支架等应符合设计要求，并验收合格。

(2) 隧道、竖井、电缆沟和人孔检查井等处的地坪以及内部抹灰等工作已经完成，养护周期已过，并能踩踏，且排水畅通。

(3) 井、隧道、电缆沟等处的土建施工临时设施、建筑废料和模板等已经很好地被清理，以利于电缆的安装。施工现场道路畅通，盖板、井盖备齐。

(4) 质检部门已全部验收与电缆安装有关的建筑物、构筑物的土建工程，验收结果基本合格；电缆线路敷设后，不能再进行的土建施工工程应结束。在询问土建施工员或详细阅读与土建工程有关部位的图样的前提下，进行安装。

(5) 检查电缆安装所经过的路线上有无障碍，如有应排除，电缆所经过的道路、建筑物的基础、电缆进户处都应设有保护管，它的长度、管径都应合乎要求，应将没有设置的按照有关要求进行设置。

（二）电缆保护管的加工及敷设

与建筑物有关的电缆保护管应在配合土建中预埋，明装的则应在电缆安装前进行敷设，在挖沟时应该将埋在室外地下的保护管敷设好。在加工和敷设电缆保护管的时候，应该按照以下要求实行：

（1）金属管不能出现裂缝、穿孔、显著的凹凸不平或被严重锈蚀，金属管的内壁应保证光滑没有毛刺。电缆管在弯制后不应有裂痕或明显的凹瘪现象，弯扁度一般不大于管外径的 10%，管口应做成喇叭形并磨光，以防划伤电缆。

（2）在温度太高或者太低的地方，以及在容易受到机械损伤的场所，都不应使用硬质塑料管，硬质塑料管不得露出地面，并用钢管进行保护。在受力较大处直埋，应用厚壁塑料管，必要时改用金属管。

（3）在选择钢制电缆管的时候应注意，电缆管的内径应不小于外径的 1.5 倍，混凝土管、陶土管、石棉水泥管，其内径不应小于 100mm。

（4）如果电缆是与公路、城市街道、铁路、厂区道路交叉敷设的保护管，其两端应伸出道路路基两边各 2m，伸出排水沟 0.5m，在城市街道、厂区道路应伸出路面；至于保护管要埋的深度，只要是有车辆经过的地方，埋深都应大于 1m。在敷设电缆以前，应该用水泥将管口塞严。

（5）电缆管的弯曲半径应符合所穿入电缆最小弯曲半径的规定，每根管最多不超过三个弯，直角弯不应多于两个。

（6）明装电缆管的时候，务必埋设支架，不能直接把管子焊接在支架上，而应该用 U 形卡子（图 6.4）将其固定住。U 形卡子应用钢筋制作，镀锌处理，螺纹与螺母应配套，其直径应由管外径决

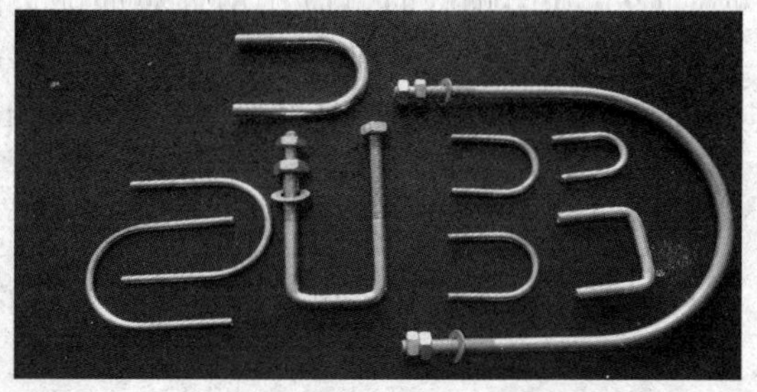

图 6.4 U 形卡子

定，一般为 $\Phi6\sim\Phi10$mm。

必须保证支架的牢固性，应该用水泥砂浆将其浇注或预埋好，使埋在里面的部分有鱼尾，或者将支架焊接在预埋好的T形铁件上，不得将支架钉入墙内。电缆管支持点的距离，一般按表6.2中的数值确定。在使用塑料管的时候，如果管子的直线长度大于30m，就应该配备塑料波纹管或塑料线盒做补偿装置。

表6.2 明装电缆保护管支持点间的距离

电缆管类型 / 电缆管直径/mm	硬质塑料管	钢管	
		薄壁钢管	厚壁钢管
20以下	1.0	1.0	1.5
25~32	—	1.5	2.0
32~40	1.5	—	—
40~50	—	2.0	2.5
50以上	2.0	—	—
70以上	—	2.5	3.5

（7）通常都会选择螺纹管接头或短节套来连接金属管，如果使用短节套连接金属管，应选用大一级的钢管，长度由电缆管直径而定，渗入但不应小于电缆管外径的2.2倍，应把套好的两端焊牢焊严；如果选择用螺纹连接金属管，通常要在螺纹处缠上塑制生料带。

利用金属保护管作接地线，螺纹连接处要焊接跨接线，跨接线及管路与地线的连接应在穿电缆前进行。

（8）连接硬质塑料管通常会采取插接或套接的方法，由管径来决定要插入的深度，通常是管子内径的1.1~1.8倍。在插接前先涂上胶合剂，且粘牢密封；套接时，套管两端应塑焊，封严。

（9）明装钢管时，应在钢管表面涂上防腐漆，应该在涂防锈漆以后涂色漆，但是要埋入混凝土内的那部分钢管可以不涂漆；采用镀锌管时，锌层脱落后应补防腐漆。管子的电焊处，焊好后必须涂防腐漆（暗装）或防锈漆和色漆（明装）。

（10）要引至设备的电缆管的管口，应该确保与设备连接方便，而且不能阻碍拆装和进出设备，并列敷设的电缆管管口应排列整齐并加之固定。

（11）在敷设陶土、混凝土以及石棉水泥等材质的电缆管的时候，要保证沟里地基的坚实和平整，一般用三合土垫平夯实即可，通常应有不小于0.1%的排水坡度；管内表面应光滑，在连接的时候，要将管孔对正，确保接缝严密，通常都会用水泥砂浆将其封严，以防止水或泥浆。

（12）各种管路的埋深应与电缆允许埋深对应。

（13）埋金属管的时候，要尽可能地远离严重腐蚀的地方，如果不能避免，则要改变电缆安装的方法，并采用耐腐蚀电缆，如钢索悬架空敷设或隧道敷设等方法。

（三）电缆支架的制作与安装

在制作支架的时候应注意，选择的钢材应平直并且没有明显的弯曲现象，下料误差不应超过5mm，切口应无卷边、毛刺；焊接应牢固，无显著变形，各横撑间的垂直净距应符合设计要求，偏差应比5mm大；另外，应对支架进行防腐处理，在烟雾、湿热或者化学腐蚀的场所，要对其进行特殊的防腐处理。

（四）电缆的检查

1. 外部检查

当电缆和其附件被运送到现场后，应该对它们进行检查，看产品的技术文件是否齐全，如合格证、说明书、试验记录、标志等；电缆的型号、规格、电压等级、绝缘材料应符合图样要求，附件是否齐全；电缆的封端务必严密，如果经外观检查怀疑或发现有漏油、滴油的痕迹，应进行潮湿判断与试验；包装完整无损伤。

2. 内部缺陷检查

（1）将电缆缠在另一个木盘轴上，边缠边放，检查电缆是否有外部缺陷。

（2）继续升高电压或延长试验持续时间，把有缺陷处击穿，但当在试验电压值时能维持试验时间时，电缆能用，继续升高电压值一般取试验电压的1.25倍。

（3）采取1/2处割断法，即把电缆从1/2处割断，对其做耐压测试，如果这其中的一个1/2长有故障现象发生，再从其1/2处割断，试验，直至找出故障点。当找出故障点后应将其割去，把试验合格的那段电缆经过电缆头接好再使用。

（4）选用电缆故障探测仪，首先展开电缆，接着给电缆通上额定电压，此时将仪器顺电缆外皮慢慢地移动，当经过故障点时，仪器将报警，很快可将故障点找出。必要时可将电压升至 2~3 倍额定电压，在进行这项试验的时候，要注意安全，防止中电。

（五）电缆安装敷设前的试验

1. 绝缘电阻的测试

通常，电力电缆应该按照下面的要求来进行，作为电缆开封或送电前绝缘状况的依据，见表 6.3，测量时的温度不在 20℃时应进行换算。

表 6.3 电力电缆电阻阻值

电压等级及类别	使用摇表规格/V	绝缘电阻内容	换算到长 1km、20℃时的绝缘电阻/MΩ
3kV 及以下黏性油浸	1 000	相—相 相—地(铅包)	≥50
3kV 及以下干绝缘	1 000		≥100
6~10kV	2 500		≥200
35kV	2 500~5 000		>500

（1）换算方法可用下式进行：

$$R_t = \alpha_t \cdot R_L \cdot L/1\ 000$$

在上面的式子里，R_t 表示经过换算过的绝缘电阻值（MΩ/km）；α_t 表示的是绝缘电阻温度系数，见表 6.4；R_L 表示被测电缆绝缘电阻的测定值（MΩ）；L 表示被测电缆的长度（m）。

表 6.4 绝缘电阻温度系数

温度/℃	0	5	10	15	20	25	30	35	40
温度系数 α_t	0.48	0.57	0.70	0.85	1.0	1.13	1.41	1.66	1.92

（2）对于没有封端的橡胶和塑料电力电缆，就可以借助摇表按照上面的连接方法来测量绝缘电阻，测量前可用蘸有汽油的棉丝将端头的线芯擦干净或者用锯将端头锯 10~20mm，露出新线芯，再进行测量。

（3）对于各类有铅包封头的电缆，一般在制作电缆头的时候才会对它实行绝缘电阻的测量，同时进行潮湿判断和直流耐压试验。由于有封头的电缆属黏油亦绝缘、不滴流油浸纸绝缘类，易受潮。因此，开封了就要开始进行连续的作业，到做完为止；为了避免受潮，要在开封的时候将锯断的地方以及剩下不用的端头实行铅封处理，测量的方法及要求同上。

2. 潮湿判断

当对油浸纸绝缘电缆的密封有怀疑时，应进行潮湿判断，方法如下：

（1）在电缆开封以后，用干燥干净的镊子将挨着铅（铝）包处及导线线芯的绝缘纸夹下一些，用火柴点燃，若没有“嘶嘶”声或白色泡沫出现，即说明未受潮。

（2）把它放进 150～160℃的变压器油或电缆油盘内，如果没有发出“嘶嘶”声或呈现白色的泡沫，也可以说明没有受潮。

（3）将可装电缆线芯直接浸到150℃的电缆油或变压器油锅内，用上述的方法进行判断。浸入前先用干燥洁净的钳子将线芯松成伞状。

如果电缆受潮了，就应该锯掉一截电缆，然后再次进行上述试验，直到没有白色泡沫或“嘶嘶”声出现。每次锯割的长度，由白色泡沫或“嘶嘶”声的程度而定。一般情况下，每次锯割长度不应超过 800mm。

在做完受潮试验以后，要立刻对绝缘电阻进行测试，进行耐压试验和制作电缆头，不然要立刻将其封头。

3. 直流耐压试验

3kV 及以上的电力电缆应做直流耐压试验。试验时，试验电压可分 5 段均匀上升，在每个阶段都要停留 1min，并且读出泄漏的电流值。在试验电压时，应该停留的时间以及试验电压见表 6.5。

表 6.5 绝缘电缆直流耐压试验电压标准

黏性油浸纸绝缘电缆直流耐压试验电压标准				
电缆额定电压(U_0U)/kV	0.6/1	6/6	8.7/10	21/35
直流试验电压/kV	$6U$	$6U$	$6U$	$5U$
试验时间/min	10	10	10	10
不滴流油浸纸绝缘电缆直流耐压试验电压标准				
电缆额定电压(U_0U)/kV	0.6/1	6/6	8.7/10	21/35
直流试验电压/kV	6.7	20	37	80
试验时间/min	5	5	5	5

（续）

塑料绝缘电缆直流耐压试验电压标准									
电缆额定电压(U_0)/kV	0.6	1.8	3.6	6	8.7	12	18	21	26
直流试验电压/kV	2.4	7.2	15	24	35	48	72	84	104
试验时间/min	15	15	15	15	15	15	15	15	15
橡皮绝缘电力电缆直流耐压试验电压标准									
电缆额定电压(U)/kV	6								
直流试验电压/kV	15								
试验时间/min	5								

4. 注意事项

（1）试验须在干燥无风天气进行，避免潮气侵入或灰尘滴落，否则应有一定的防护措施。

（2）如果电缆有封头，开封的方式可以是用锯割端头，也可以用喷灯将铅封烤化，然后小心地剥掉外皮的钢甲、绝缘物、铅套管和防护层，并缓慢将线芯分开，不得使线芯根部的绝缘受损，仅将端部的绝缘纸轻轻撕掉即可。通常线芯露出来的长度不应超过100mm，铅管露出来的长度不应超过250mm。

开封时，剥切铅管或烤化铅管时，应用酒精棉球将外表擦拭干净，开封后要注意不得将污物落入。要在事先将试验仪器和导线进行封铅，要准备好封头工具材料和硬脂酸等试验材料，开封后立即进行试验，尽量缩短线芯在外暴露的时间，试验完毕应立即封头。

（3）封头的工作应该由技术熟练的人操作，确保快、严密。封头时，先将分开的线芯从根部（铅管口处）齐根锯掉，然后用喷灯预热铅管管口，预热的长度不应超过100mm，而且不能将铅管以后的电缆弄伤；通常预热时间是5~10min，然后将封铅料置于铅管口，边预热边将其烤化，使铅滴糊在预热好的管口上，并涂抹硬脂酸，边涂边滴；在管口用铅滴糊满的时候，要立刻用干净的白布将它按住，一边按住一边涂，就可以将封头封好了。再检查一遍有无漏封或不妥之处，再用同样方法补封。整个过程要快，不得停止加热，为了避免线芯受潮，在必要的时候，应该用两只喷灯封头，必须将其封严。

（4）黏性油浸纸绝缘电缆泄露电流的三相不平衡系数应不大于2；如果大于或等于10kV的电缆的泄漏电流比20μA小，不大于6kV的电缆的泄漏电流比10μA小，其不平衡系数不作规定；充油、橡胶、塑料电缆泄漏电流不平衡系数不作规定。需要注意的是，泄漏电流只是用来判断绝缘是否良好的参考，不能作为决定它能否使用的标准。

泄漏电流的测试，要减小杂散电流的影响，因此要采用适应的接线，以减小杂散电流的影响。

（5）在试验中，泄漏电流非常不稳定，或者随着试验时间的延长出现上升的现象，或随试验电压升高而急剧上升，则证明电缆绝缘有缺陷，应指出缺陷部位，并处理。

（六）其他准备工作

（1）需要准备的常用工具有施放电缆的轴架或托架、焊料、白布、喷灯、电缆卡子、铅丝、硬脂酸、电工工具、摇表、汽油、棉丝、酒精、手工锯及锯条、沥青膏、试验仪器、临时电源、榔头、标志桩、油漆、毛笔或画笔、铁锨等。如果在冬季安装，还要准备好加热的装置。另外，制作电缆的终端头还需要准备一些专用工具。

（2）根据图样及电缆清册画出电缆在水平方向和竖直方向的排列图，尽量避免电缆交叉，这和在槽中布线相同。同时为了尽可能减少和避免接头，要按照排列图，以敷设距离为依据来运送电缆。

（3）直埋电缆要先勘察确定敷设路线，并用白灰画出开挖部位路径的选择，要避开水滩或经常积水的地方，或地下原有设施较多或不清楚的地方。为了减少交叉，新建的工程应该和管道专业相协调。事先将沙子、机砖或者水泥砖由运输部门运到现场。

（4）钢索架空安装要先勘察确定杆位、路径等，基本同架空线路。委托运输部门预期将电杆、卡盘、底盘、线材、金具等运到现场。

二、电缆线路敷设过程中的一般要求

（1）在施放电缆的时候，可以采取人工操作或者机械操作，也可以两者都用，人工施放必须每隔1.5~2m放置滑轮一个，电缆端头从线盘上取下，放在滑轮上，然后用绳子扣住向前拖曳。不管在什么情况下，都不可以直接在地上拖曳电缆，否则有可能使电缆被擦伤，从而影响施工的质量。

用机械拖放电缆时，应缓慢前进，一般速度不应超过 8m/min，牵引头必须加装钢丝套。对于长度不大于 300m 的大截面电缆，可以把电缆芯绑住，直接牵引，但是，为了防止电缆被潮气侵入，要把电缆芯用铅皮包住，并且用铅封住。

（2）敷设电缆时，应防止电缆扭伤和过分弯曲，电缆弯曲半径与电缆外径的比值不应小于下列规定：

①对于油浸纸绝缘，外径不超过 40mm 的铅包单芯和铝包单芯为 25 倍，外径大于 40mm 的裸铅包多芯为 30 倍，铅包多芯铠装为 15 倍。

②对于橡胶绝缘聚氯乙烯护套、聚氯乙烯绝缘聚氯乙烯护套、交联聚乙烯绝缘聚氯乙烯护套来说，有铠装的为 15 倍，无铠装的为 10 倍。

（3）温度低时，电缆弯曲容易损坏，故电缆敷设环境温度不应低于下列数值：

①全塑电缆、油浸纸绝缘电缆和交联聚乙烯绝缘聚氯乙烯护套电缆三种的环境温度不应低于 0℃。

②橡胶绝缘聚氯乙烯护套的环境温度不应低于-15℃。

③橡胶绝缘沥青护层的环境温度不应低于-7℃。

④橡胶绝缘裸铅包的环境温度不应低于-20℃。

温度低时，应将电缆加热后再敷设。加热方法如下：

第一种是室内自然预热，只需将电缆放在温度为 25℃的室内达到 24h 即可。第二种是电流加热法，就是对电缆芯加电流进行加热，通入的电流不得大于电缆额定电流，加热后的电缆表面温度不得低于 5℃。如果用单相电流给铠装电缆加热，在选电缆芯线的接线方式时，应该考虑防止在铠装内部形成感应电流，要对其进行监测。

经预热的电缆，应尽快在 1h 内敷设完毕。当电缆冷却到预热线的温度时，不得再将其弯曲。

（4）对于外层有沥青浸渍麻的电缆，要进入变配电室的那部分（包括沟内）应将沥青浸渍麻剥除，铠装应涂刷防锈漆。

（5）电缆进出建筑物、隧沟、道路、铁路和引出地面 2m 以下部分均应穿钢管保护。

（6）在电缆的两个端头和它进出建筑物或交叉拐弯的地方，都应挂标示牌，在指示牌上要注明电缆型号、截面面积、芯数、电压和回路编号。

（7）室内外明设电缆，其钢索悬挂点间距为 0.75m；沿墙水平支架间距为 1m；垂直敷设时，其悬挂点或支架间距均为 1.5m。

（8）对于裸铅包、裸铝包、全塑电缆，在固定卡子里面应该垫上软衬，以起保护作用。

（9）明设在有易燃、易爆和腐蚀性气体的场所的电缆，应穿管保护，并密封管口。

（10）为了避免进水受潮，应封闭终端头和中间头盒，绝缘胶要满实没有空隙。终端头涂相色漆，同一电缆芯线的两端头相色一致，且与连接母线相色对应。

（11）户外终端头到地面的距离要比 4m 小，对于封铅的地方，应该装上第一支持点。

（12）电缆在支架上敷设时，支架间距离应大于水平敷设 0.8m，垂直敷设 1.5m。

（13）电缆排列要求。

①电力电缆不适宜与控制电缆放在同一层。

②电压等级不同的电缆，高压在上，低压在下。按用途区分馈电线路、照明线路、直流线路、控制线路、通信线路，分别自上而下排列。

③对于普通支架的排列，不应该超过一层；桥架排列时不应该超过两层。

三、常见电缆线路敷设方法及要求

（一）电缆直埋

（1）电缆应距离接地装置的接地 0.25~0.5m。

（2）直埋电缆应有铠装和防腐层。

（3）埋设深度通常应不小于 0.7m，在农田中埋设应不小于 1m。

若不能满足上述要求，应采取保护措施：电缆上、下要均匀铺设100mm厚的细沙或软土，应该用水泥盖板或砖连接并覆盖垫层的上侧，覆盖宽度为左右两侧都超过电缆50mm。回填土时，应去掉大块砖、石等杂物。

（4）沿坡敷设电缆的时候，要注意使中间接头呈水平的状态；在同沟敷设多条电缆时，中间接头的位置应前后错开，其净距不应小于0.5m。

（5）在接头、交叉、拐弯、进出建筑物等地方，应该设置明显的方位标桩，长的直线段应适当增设标桩，标桩露出地面以150mm为宜。

（6）如果长度小于30m，其内径应不小于电缆外径的1.5倍；长度超过30m的应不小于2.5倍。

（7）直埋电缆自土沟引入隧道、人井及建筑物时，应穿在管中，并在管口加以堵塞，以防漏水。

（8）如果电缆从含有酸碱、矿渣、石灰的场所经过，不适宜进行直埋。若必须经过该地段时，应采用缸瓦管、水泥管等防腐保护措施。

（9）直埋电缆不可以平行敷设在管道的上面和下面。

（二）电缆隧、沟敷设

（1）电缆沟（图6.5）和隧道应该保持平整光滑。根据长度、深度、地表水的深度，设置一些积水井，其自然坡度不小于0.1%。

（2）电缆隧、沟道尽可能不通过有可能流入高温液体、腐蚀性的酸碱液体的地段。必须通过时，应采取防护措施。

图6.5 电缆沟

（3）应保证电缆支架的牢固可靠，且要使其连接接地网。

（4）电缆隧道转弯、分支的积水井处应设人孔井。直线段人孔井间距一般不大于150m。

（5）应该将敷设在支架上的控制电缆和电力电缆分层排列，它们的水平净距离要与下列规定相符合：同级电压的电力电缆为35mm；高低压电力电缆为150mm。

（6）在完成电缆敷设的工作后，要将沟内的杂物及时清理干净，将沟盖板盖好，必要时，应将盖板缝隙密封，以免水、汽、油、灰等侵入。

（三）钢索悬吊架空敷设

有的时候，因为地下管网太复杂，不宜进行直埋或电缆沟敷设作业，而且架空线路又有一定困难，常将电缆用钢索悬吊架空敷设，在人多地带或厂区常用这种方法。

（1）定位、运杆、立杆、测量线路、决定挡距、安装金具（金具较简单，只有固定钢芯绞线的线夹、拉线抱箍，线夹距杆顶200mm）、作拉线等与架空线路相同。

（2）应该准备好钢绞线、S形电缆卡子和悬挂行走小车。可以以挡距、电缆规格为依据来选择钢芯绞线的规格。

（3）钢芯绞线的架设垂度要比架空线小，因为挡距较小，且悬挂电缆后垂度要增大。

（4）通常使用线夹来将钢芯绞线固定在杆上，其中线夹的规格要与钢芯绞线的规格相对应。始端和终端杆上的固定一般采用并沟线夹，每端至少三副，紧固必须牢固。

（5）在完全将钢芯绞线紧好以后，才可以锯掉多余的。锯掉后的两端应用细镀锌铁线绑扎20mm，以免散股。

（6）必须保证拉线的牢固可靠，在必要的时候应该将其做成双拉线。

（7）敷设时，沿线路将电缆展放在杆下，同时将电缆引至室内或设备的余量要以实物测量好，并且要在电缆与第一根杆上的固定点处做上记号（然后操作人员从第一根杆处登上杆，坐上悬挂行走小车，拉住钢芯绞线，使小车前行，每隔750mm固定一个S形卡子）。或者把电缆直接引上钢绞线，做好后用小车法上S形卡子，将其固定。

（四）管内敷设

管内敷设基本同管内穿线，除符合管内穿线的规定外，还应符合下列规定：

(1) 每一根管内只能穿入一根电力电缆，并且注意在钢管里不能单独穿入交流单芯电缆。

(2) 裸铠装控制电缆不得与其他外护层的电缆穿入同一根管。

(3) 如果电缆被敷设在混凝土管、陶瓷管、石棉水泥管里，应该配备塑料护套电缆。

(4) 管内敷设每隔50m应设入孔检查井，井盖应为铁制且高于地面，井内有积水池且可排水。

(5) 如果长度小于30m，直线段管内径不应该小于电缆外径的2倍；如果有一个弯曲，则应不小于2.5倍；有两个弯曲时，应不小于3倍。长度在30m以上时，直线段管内径应不小于电缆外径的3倍。

(6) 要确保管内没有积水，没有堵塞杂物，在穿电缆的时候可以用滑石粉作为助滑剂。

(五) 电缆槽架内敷设

电缆槽架内敷设常用于工业厂房和高层建筑，槽架分为电缆槽盒、电缆梯架，有很多种类的规格和型号，但是在结构上基本相同，都是长度不等的倒π形槽，材质是1.5mm厚的轻型钢板，上有盖，并配有梯架、托盘、隔板、二通、三通、四通弯头、立柱、托臂、绞接板等辅件，全部冲压成型并进行镀锌或喷塑处理，抗腐蚀。

电缆槽架内敷设的方式有很多，最主要的有三种：沿墙或柱安装、悬空安装和地坪支架上安装。在安装槽架的时候，应保证其牢固、平直而且美观，下面是一些具体的要求：

(1) 电缆槽架多层安装时，其上下层间距有下列规定：控制电缆槽架之间不小于200mm；电力电缆槽架之间应不小于300mm；弱电与强电槽架之间应不小于500mm；如有屏蔽，可减少到300mm；槽架上部距顶棚或其他障碍物应不小于300mm。

(2) 如果槽架要经过建筑物的伸缩缝、沉降缝，应该拉开100mm的距离。

(3) 槽架内横断面的填充率，电力电缆不大于40%，控制电缆不大于50%。

(4) 不能在同一桥架上敷设不同电压和不同用途的电缆，例如，强电和弱电电缆、高压和低压电缆、向同一级负荷供电的双路电源电缆、应急照明和正常照明的电缆等。如果因为条件的限制，必须将不同电压和不同用途的电缆敷设在同一层桥架上的时候，要使用隔板隔离且将其用途标明。

（5）电缆槽架与管道平行或交叉的最小净距应符合表 6.6 中的规定。

表 6.6 电缆槽架与管道的最小净距（mm）

管道类别		平行净距	交叉净距
具有腐蚀性液体、气体管道		500	500
热力管道	有保温层	500	300
	无保温层	1 000	500
其他工艺管道		400	300

（6）不应将电缆桥架敷设在腐蚀性液体的下方和腐蚀气体或热力管道的上方，不然，必须采取防腐电缆或用隔热材料对其进行隔离。

（六）电气竖井内敷设

（1）先清理井内杂物，并检查预埋件、保护管有无缺陷。

（2）在展放电缆的时候，应该把电缆盘放在底层，按照从下往上的顺序牵引。上引电缆的时候，一是要注意弯曲半径，二是要在层层出口处用力提拉电缆，不得只在上层提拉牵引，使拉力过于集中而损伤电缆。

（3）在井内排列、固定和间距等方面的敷设要求，大致上等同于在电缆沟内敷设。

（七）沿建筑物明设

在干燥、无腐蚀、不易受到机械损伤的场所，可将电缆直接沿建筑物明设，要求如下：

（1）在引入设备、穿越建筑物或者楼板时都应该配备保护管。

（2）电缆的固定可根据电缆的多少固定在支架上或直接固定在墙上、顶板上。

（3）通常展放电缆采取的是人工牵引展放的方法，要注意应有专人在转角、穿越墙体和楼板的时候进行操作。

四、电缆敷设时的安全注意事项

(1) 必须保证架设电缆轴架的地方平整坚实，支架必须选择底盘支架，不能使用千斤顶。临时搭设的支架必须用两只三脚架架设转轴。必要时电缆轴架应设置临时地锚。

(2) 选择将电缆放在撬动电缆轴的边框处，不能用力太猛，不可以将身体爬在边框处，应该采取制动措施，以防边框滑脱、折坏。

(3) 牵引电缆，速度宜慢，力量均匀，速度平稳，不得猛拉猛跑，看轴人员不得站在电缆轴的前面。

(4) 为了防止挤伤摔倒，在敷设时，转角地段的人员切忌站于电缆弯曲的内侧，必须站在外侧。

(5) 电缆穿管时，操作人员必须做到：送电缆时，手不可离管口太近，以防对方拉曳过猛而挤手；为了避免戳伤，在迎电缆时，眼和身体的各个部位都不能直对管口。

(6) 人工滚动电缆时，应站于轴架的侧面且不宜超过电缆轴的中心，以防压伤。在上下坡的时候，钢管应穿在轴心孔中，将绳子系在钢管的两端进行拉拖，在中途停止的时候，应该用楔子制动卡住，并且将绳子系在非常可靠固定的地方。

(7) 车辆运输电缆时，电缆应放在车厢前方，并用钢索、木楔固定，防止启动或刹车时滚动或撞击。

(8) 如果敷设电缆的地点是已经送电运行的变电站室或生产车间，必须确保有电缆进入的柜和所涉及的柜全部停电，且须有专人看管或上锁。操作人员应有防止触及带电设备的措施。在任何情况下与带电体的操作安全距离，低压不得小于1m，高压应大于2m。

(9) 如果电缆施工的地点在道路的附近或者在较繁华的地段，要准备好栏杆或标志牌，在夜间要准备红色的标志灯。

(10) 在隧道或竖井内敷设电缆，临时照明用的电源的电压不得大于36V。工作时必须戴安全帽。

(11) 在装卸电缆的时候，直接吊装轴盘或在轴心孔内直接穿入吊索的方法是不被允许的，应将钢管穿入轴心孔，吊索套在钢管的两端吊装，其钢管强度应满足电缆重量的需要。严禁将电缆从车上直接推下。

（12）如果使用的是斜面装卸车，应该在轴心孔内穿进钢管，并且采用钢索或大绳套好并系在牢固的地方，以起保护作用；滚上或滚下时，任何人不得站于斜面的下面，应站立于轴盘的两侧滚动电缆，以防脱落。必须确保保护钢索或大绳有树、地锚等良好可靠的制动装置。在将电缆盘滚动的时候，必须有相应措施防止电缆被地面上的凸物挤压。

第五节　地埋线路

地埋线路就是使用农用铝芯、塑料绝缘护套电线埋入地下的配电线路。它一般用作 380V 和 220V 动力和照明供电电路。

一、地埋线路的选择

在选择地埋线路的时候，以下几点应注意：

（1）地埋线路的敷设路径和电线的计算负载，一般不应少于 5 年。

（2）有些地区不宜敷设地埋线路，如鼠类活动频繁、白蚁聚居以及土壤中含有腐蚀性物质、岩石或碎石等地区。

（3）村庄无统一建设规划、房屋布局不整齐、用户分散且无低压主干线路，只要地埋条件允许，不管是动力线还是照明线，是单回路还是多回路，是全部还是局部线路，是通信线还是广播线，都应该先考虑是否可以使用地埋线路。

（4）地埋线的型号选择，北方宜采用耐寒护套或聚乙烯护套型，南方采用普通护套型。严格禁止使用没有护套的普通塑料绝缘电线将其取代。

（5）地埋线的截面面积，可根据实际负载的大小结合近期发展，要以最大容许电压损失为依据来选择（通常最大容许电压损失不超过 10%），再按照容许载流量对其进行校验。另外，地埋线导线截面面积不应小于 4mm^2。

二、地埋线路的施工

（一）地埋线路的敷设要求

（1）对地埋线应开挖槽沟埋设，沟深 1m 左右，北方地区应在冻土层以下，深度应不小于 0.8m，通常沟底的宽度应为 0.4m。

（2）地埋线的沟底应平坦坚实，无石块和坚硬杂物，并铺设一层 100~200mm 厚的松软细土或细沙，如果地形的高度发生变化，应该对其作平缓的斜坡。在线路转向的时候，拐弯的半径应该大于地埋线外径的 15 倍。

（3）地埋线一般水平敷设，线间距离为 50~100mm，电线至沟边距离不应小于 50mm。

（4）在下雨天、下雪天或环境温度低于 0℃时，不应该敷设地埋线。

（5）地埋线施放前，必须浸水 24h，用 2 500V 绝缘电阻表测量 1mm，其绝缘电阻值每千米不应小于 10MΩ。

（6）在进行地埋线放线的时候，应该对其外观进行检查。

①绝缘护套不得有机械损伤、砂眼、气泡、鼓肚、漏芯、粗细不匀等现象。

②线芯要保证不偏心、没有硬弯、断股的现象。

③无腐蚀霉变现象。

（7）在放线的时候，应该托起地埋线，绝对不允许在地面上拖拉导线。要避免导线被打卷、扭折或受到其他机械损伤。

（8）地埋线在沟内应水平面蛇形敷设，遇有接头、接线箱、转弯处、穿管处，应留有余度，伸缩弯的半径应不小于地埋线外径的 1.5 倍，而且应该将沟内的各个相接头错开。

（9）地埋线与其他地下工程设施相互交叉、平行时，其最小距离应符合表 6.7 中的规定。

表 6.7 地埋线与其他地下工程设施交叉、平行时允许的最小距离（m）

地下设施名称	平行	交叉
地埋电力线路	0.5	0.5(0.25)
10kV 及以下电力电缆	0.5	0.5(0.25)
通信电缆	0.5	0.5(0.25)
自来水管	0.5	0.5(0.25)

注：括号内数字是指地埋线有穿管保护或加隔板的最小距离。

（10）在地埋线穿越线路和公路的时候，应该加钢管套对其进行保护，钢管的内径应不小于地埋线外径的 1.5 倍，管内不得有接头，保护管距公路路面、铁轨路基面，不应小于 1m。

（11）引地埋线出地面的时候，要在自埋设深处到接线箱的部分套上硬质保护管，管的内径应不小于地埋线外径的 1.5 倍。

（二）地埋线路的接头

（1）地埋线的接续宜采用压接。接头处的绝缘和护套的恢复，可用自黏性塑料绝缘带缠绕包扎或用热收缩管的办法。

如果采用的是缠绕包扎法，通常应至少缠绕 5 层以作为绝缘恢复，然后再次缠 5 层作为护套。包扎长度应在接头两端各伸延 100mm，缠绕时严防灰尘、水分混入。严禁用黑胶布包扎接头。

（2）将接头接好以后，要使用绝缘电阻表对地埋线的绝缘电阻进行测量，其值不低于 1MΩ。

（3）地埋线的接续也可引出地面用接线箱连接。

（三）地埋线路的接线箱

（1）应该把地面接线箱装在地埋线路的接户、分支、终端和引出地面的接线处（图 6.6），其位置应选择在便于维护管理、不易碰撞的地方。

图 6.6 防爆接线箱

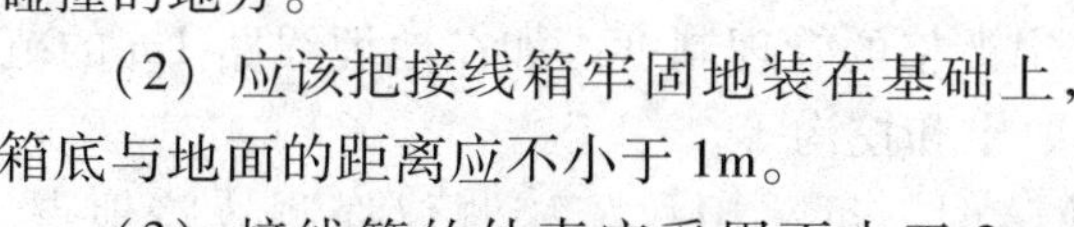

（2）应该把接线箱牢固地装在基础上，箱底与地面的距离应不小于 1m。

（3）接线箱的外壳应采用不小于 2mm 厚的冷轧钢板制作并进行防锈蚀处理，在有条件的情况下可以选择大于 1.5mm 厚的不锈钢等作为制作的材料。

（4）箱内应装设熔断器、断路器、漏电保护器等。使用前应核对相序，做好标记，而且要对接线箱内线电压和相电压进行测量，同时对其相序进行标记，以避免接线错误。

（四）地埋线路的填埋

（1）在回填土之前，应该核对相序，给路径、接头和地下设施交叉做标志，并对其进行保护。

（2）回填土应按以下步骤进行：

①在回填土的时候，不应在多处同时进行，应从放线端开始填土，然后逐渐向终端推移。

②电线周围应填细土或细沙，覆土 200mm 后，可放水让其自然下沉或采用人排步踩平，禁用机械夯实。

③用 2 500V 的绝缘电阻表再次测量绝缘电阻，把测出的数值与埋设前所测的数值相比，如果电阻值有明显下降的现象，应查明原因及时处理。

④当复测绝缘电阻无明显下降时，才可全面回填土，回填土时禁用大块泥土投击，回填土应高出地面 200mm。

三、地埋线路的运行管理

在地埋线路运行的时候，应该把以下几方面的工作做好：

（1）埋设地埋线的单位应绘制与实际情况相符合的地埋线平面图。在图上应详细绘出线路路径、截面面积、长度、地埋线的型号、地下接头的位置以及接线箱的位置。

（2）地埋线路和接线箱要有专人管理，定期检查维护。保护和控制电器要按规定选择，要注意防止地埋线长期过负载运行而造成绝缘损坏事故。

（3）用电单位要制定出严格的管理制度，如在地埋线路 1m 的范围内不允许植树、打井、取土和挖沟等。

（4）地埋线路发生故障时，可采用故障探测仪探测故障地点。故障探测仪不仅可以探测出地埋线的相间短路、断路、单相接地点或漏电点现象，而且可以对地埋线的埋设位置进行探测。

第七章 照明

利用电能做功，将电能转换为光能的器件或装置就是电光源。电光源的发明使电力装置的建设得以发展。现在，在工农业生产、日常照明、国防和科研等许多方面，电光源都得到了广泛的应用。

第一节 常用电光源

一、常用电光源基础知识

（一）常用电光源的分类

按照发光原理，常用照明电光源可以分为两种：热辐射光源和气体放电光源。

1. 热辐射光源

热辐射光源包括两种：白炽灯和卤钨灯。

2. 气体放电光源

气体放电光源包括以下几种：高压钠灯、低压钠灯、荧光灯、高压汞灯、氙灯以及金属卤化物灯等。

（二）电光源的特性参数

1. 额定电压和额定电流

在额定电压和额定电流运行的情况下，电光源的效果最佳，使用的寿命最长。

2. 额定功率

额定功率就是指电光源在额定状态下运行所消耗的电功率。

3. 光通量输出

光通量输出就是指电光源在正常工作状态下，所发出的光通量。

4. 发光效率 η

发光效率 η 就是指发光灯具所发出的光通量 Φ 比上消耗的电功率 P 的值，即

$$\eta=\Phi/P$$

在上面的公式中，η 代表的是发光的效率，单位是 lm/W；Φ 代表的是光通量，单位是 lm；P 代表的是电功率，单位为 W。

5. 寿命

寿命就是电光源从初次通电到完全丧失或部分丧失使用价值时为止的全部点燃时间。

6. 色温

色温是电光源的一个主要技术参数。当光源的发光颜色与黑体（能吸收全部光能辐射而不反射、不透光的理想物体）被加热到某一温度所发出的光的颜色相同时，称该温度为光源的颜色温度，简称色温。

一般，红色的光的色温比较低，而蓝色的光的色温比较高。

7. 显色性及显色指数

白炽灯和太阳光都会辐射连续光谱，红、橙、黄、绿、青、蓝、紫等各种色光都包含在可见光波长（380~760nm）的范围以内。在白炽灯和太阳光的照射中，物体会将它的真实颜色显现出来，但是如果将物体置于非连续光谱的气体放电灯的照射下，物体的颜色就会显现出不同程度的失真现象。光源对物体真实颜色的呈现程度就是光源的显色性。

在待测光源照射下的物体的颜色，与在另一相近色温的黑体或日光参照光源照射下相比，物体颜色相符合的程度就是光源的显色指数。颜色失真得越少，显色指数越高，说明光源的显色性就越好。100 为国际上规定的参照光源的显色指数。

（三）电光源的选用

在选择光源的时候，应该以视觉要求、建筑性质、使用场所、照

明的数量和质量要求为依据进行选择。例如，在照明开关频繁、要求瞬时启动或要求避免频闪效应的场所最适合的是白炽灯；对识别颜色要求较高的场所、艺术需要的场所、需要调光以及要求避免被电磁波干扰的场所，也都应该选择白炽灯。对于对光照度的要求较高、对显色性的要求较好而且没有振动的场所，要求频闪效应要小以及需要调光的场所都应该选择卤钨灯。在虽然悬挂高度较低，但是要求光照度较高的场所以及对识别颜色的要求较高的场所应该选择荧光灯。

二、白炽灯

白炽灯的优点是结构简单，安装维修方便，使用可靠，价格低等；缺点是使用寿命短，发光效率低等。它的优点和缺点决定了它适用于对光照度的要求不高、开关次数频繁或者需要调节光源亮暗的场所。

（一）白炽灯的结构

白炽灯就是俗称的电灯，分为卡口式和螺口式两类，它的结构如图 7.1 所示。在白炽灯的灯头上有两个相互绝缘的电极，它们的作用是用导线分别与灯丝的两端相通。白炽灯的灯丝是用钨制成的。制作的时候，在大功率灯泡的玻璃壳内抽成真空后，要充进惰性气体，而小功率灯泡则不用，只需要将玻璃壳内抽成真空即可。

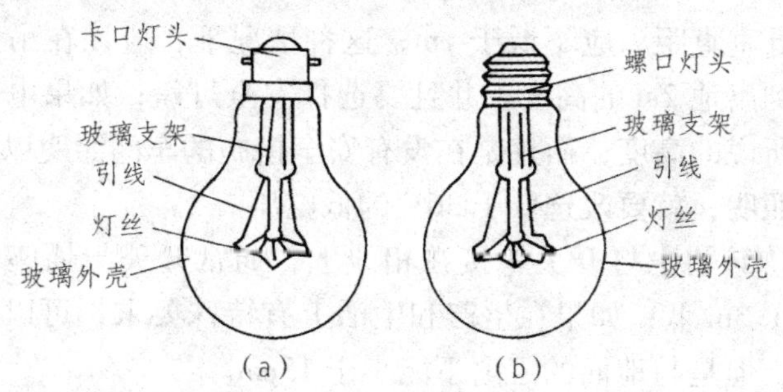

图 7.1 白炽灯的结构

(a) 卡口式 (b) 螺口式

（二）白炽灯的发光原理

在对灯施加了额定电压以后，当电流从灯丝流过的时候，因为灯丝有电阻，会使电能转变成热能，从而导致灯丝的温度上升到 2 400~3 000K，以达到白炽程度，发出光亮。

（三）白炽灯安装的要求

（1）应当将电灯安置在适当的位置与高度，以确保灯光的照射均匀而且明亮。

（2）应根据环境的颜色和使用条件，合理选择灯罩的形式。

（3）适当地对光通量进行估计。

（4）要达到安装白炽灯的基本要求，即安全、美观、经济、合理与装修方便等。

（5）在安装吊灯的时候，应该用绝缘软线做导线，上面是挂线盒，下面是灯座。

（6）如果是螺口式灯座，则需要将电源的中性线（零线）连接在灯头的螺旋铜圈上面，将相线（就是俗称的火线）通过开关接到灯头的中心铜片上面。

（7）如果是在潮湿、危险的地方，例如，相对湿度常超过 85%，环境温度常超过 40℃，有导电灰尘，有导电地面（如金属、泥土、砖或潮湿混凝土地面等）等，只要有以上情况之一的，电灯的灯座应该离地 2.5m 以上。除此之外的场所，如办公室、商店、生产车间、住房内的灯座通常离地要不低于 2m。

（8）如果因为生产和生活需要，而必须适当放低电灯的时候，灯座的最低垂直距离应不低于 1m，这种情况下，应该在吊灯线上配绝缘套管到离地 2m 的高度，并且要选择安全灯座；如果电灯的灯座低于上面所说的高度，而且是在没有安全措施的车间照明以及行灯和机床局部照明，就要改选低于 36V 的低电压。

（9）应该将电灯开关串接在相线上，通常开关与插座的离地高度不能比 1.3m 低；如果在生产和生活上有特殊要求，可以将插座装得低一点，但是与地面的距离不能小于 15cm。

三、荧光灯

荧光灯是应用最广的气体放电光源，又被称为日光灯。它的优点是发光效率高，寿命长，光色柔和等；缺点是功率因数低，附件多。在对光照度要求较高的室内照明中，荧光灯应用得十分广泛。

（一）荧光灯的结构

荧光灯的主要组成部分是灯管、（辉光）启动器和镇流器三部分。其中，灯管是由灯头、玻璃管、灯丝等组成的。

1. 灯丝

在玻璃管的两端分别装有一个由钨丝绕制而成的灯丝，在灯丝的表面涂着氧化钡。在灯丝烧热以后，它很容易发射电子。灯丝的两端引在两极上，与外电路相连接。

2. 玻璃管

玻璃管内壁涂有荧光粉。管内充有少量的汞气和氩气。

3. 镇流器

镇流器是由硅钢片铁芯以及绕在铁芯上的电感线圈两部分组成的。它在启动的时候，会对预热电流进行限制，并且在启动器的配合下产生瞬时600V以上的高电压，致使灯管放电；在工作的时候，它限制流过灯管的电流，会起到镇流的作用。

4. 启动器

启动器是一个充有氖气的封闭玻璃泡以及一个纸质电容器。它的作用是对阴极预热的时间进行自动控制，从而达到接通和自动断开电路的作用。

（二）荧光灯的发光原理

当电源接通以后，将电压施加在启动器的双金属片和静触头之间，从而引起辉光放电。放电的时候产生的热量会向双金属片上传热，使双金属片被加热到800～1 000℃，因为过热，双金属片会膨胀并与静触点闭合，造成电路被接通，当电流通过灯丝时，灯丝会被预热，当被预热到900℃的时候，会发射电子，致使灯丝附近的氩气游离，汞气化。当双金属片与静触头接触的时候，导致辉光放电停止，双金属片被冷却，离开静触头，恢复原状。在触头被断开的一个瞬间，在镇流器的两端会有一个非常高的感应电动势产生，这个感应电动势加在灯管的两端，造成大量的电子从灯管里流过。在运动中，电子会对管内的气体起冲击作用，从而放出紫外线，放出的紫外线会激发灯管内壁的荧光粉，使其放出类似荧光的可见光。

（三）节能型荧光灯

近年来，电子技术的发展非常迅速，除了传统的直管荧光灯以外，又出现了节能型的环形、U 形和 H 形荧光灯。

1. 环形荧光灯

环形荧光灯又称圆形管荧光灯，它的优点是造型美观，安装方便，而且发光效率比直管荧光灯高，所以应用非常广泛。

(1) 环形荧光灯的使用

使用环形荧光灯的时候，必须配备好与之功率相对应的镇流器和启动器，要注意不能与不同功率的互相混用。

(2) 环形荧光灯的安装

在安装环形荧光灯的时候，需要配好专用的灯座和灯架，如果没有这些专用的附件，不仅会造成安装的困难，而且会影响美观。现在在市场上出现了一种成套的环形荧光灯管，在安装时，只需将环形灯直接安装在灯座上即可。

2. H 形荧光灯

H 形荧光灯是一种非常新颖的节能电光源。因为这种灯的外形近似于英文字母 H，所以被称为 H 灯。

(1) H 形荧光灯的特点与应用

H 形荧光灯的优点是省电，光效高，体积小，显色性好等，应用非常广泛。H 形荧光灯既可以用于台灯，又可用于吸顶灯、吊灯、壁灯等多种形式。

(2) H 形荧光灯的结构

H 形荧光灯的灯管的组成部分是两支内径是 10mm 的平行玻璃管，有一个连通的“桥”在灯管的前端，灯头在后端，在灯头内装有启动器、灯丝和引出线，如图 7.2 所示。

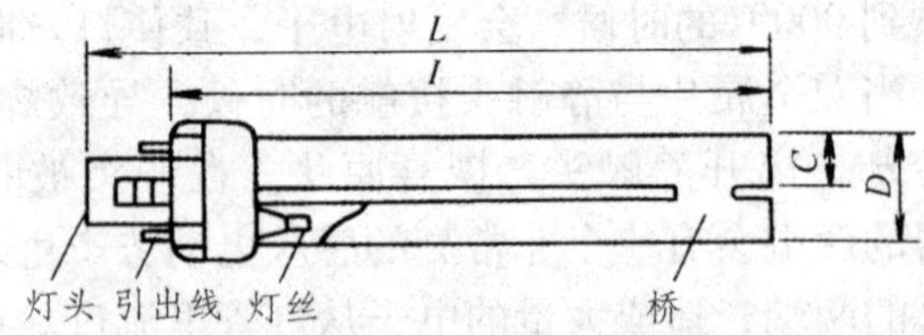

图 7.2 H 形荧光灯的结构

(3) H 形荧光灯的安装

安装 H 形荧光灯非常方便，它的安装角度不受限制，不仅可以垂直安装，而且可以水平安装，但是要避免使灯具剧烈振动，否则会造成灯丝的损伤。还有，安装 H 形荧光灯的时候，必须配备专用的 H 灯灯座。

在装拆 H 形灯管的时候，应该将灯头平行地插入或拔出灯座，不能前后、左右地摇晃灯管，否则会造成灯头松动。

（4）H 形荧光灯的主要技术数据如表 7.1 所示。

表 7.1 H 形荧光灯的主要技术数据

灯管型号	额定电压/V	额定功率/W	光通量/lm	工作电压/V	电流/A		外形尺寸/mm				灯头型号
					工作	预热	D	C	L	I	
YDN5H	220	5	220	33	0.18	0.19	28	13	106	83	G23
YDN7H	220	7	400	45	0.18	0.19	28	13	138	115	G23
YDN9H	220	9	600	60	0.17	0.19	28	13	168	145	G23
YDN11H	220	11	900	90	0.185	0.19	28	13	237	214	G23
YDN13H	220	13	780	60	0.3	0.52	28	13	188	166	G23

（5）其他注意事项

必须根据 H 形灯的功率来配置 H 形荧光灯的镇流器，切忌用普通的直管形荧光灯镇流器替代，以免使 H 形灯管的使用寿命被缩短。

在使用 H 形灯的时候，应该尽量减少开、关的次数，否则会使灯管的使用寿命受到影响。

（四）荧光灯的安装和使用要求

（1）镇流器必须配合电源电压和灯管功率，不可以混用。因为镇流器较重，而且是发热体，所以应该在灯架中间反装镇流器。

（2）应该根据灯管功率的大小来决定启动器的规格，应该选择在灯架上便于检修的地方安装启动器。

（3）在安装荧光灯管的时候，要有专用的灯座。灯座一般有弹簧式和旋转式两种。为了防止因灯脚松动而造成灯管跌落，可以选择弹簧灯座，或者扎牢灯管与灯架。

（4）在灯架与平顶紧贴的情况下，木架内的镇流器应当留有适当的通风设备。

（5）在工厂、广场因为工作的需要，必须将照明放低的时候，可以选择弹簧灯座的荧光灯，灯管离地不能少于 1m，吊灯线必须加套绝缘套管（应套到离地 2m），在荧光灯架上面要加装盖板。

（6）镇流器工作时要注意散热。通常来讲，8W 以下的镇流器消耗功率约为 4W，40W 以下的镇流器消耗功率约为 8W，100W 的镇流器消耗功率约为 20W。

（7）一般电压变化不宜超过额定电压的±5%。

（8）荧光灯工作最适宜的环境温度为 18～25℃。环境温度过高或过低都会造成启动困难和光效下降。

（9）破碎的灯管要及时妥善处理，防止汞害。

（10）荧光灯启动时，灯丝所涂能发射电子的物质被加热冲击、发射，以致发生溅散现象（把灯丝表面所涂的氧化物打落）。启动次数越多，所涂的物质消耗越快。因此，使用中要尽量减少开关的次数，更不应随意开关灯，以延长使用寿命。

（五）荧光灯的常见故障及排除方法

荧光灯的常见故障及排除方法见表 7. 2。

表 7. 2　荧光灯的常见故障及排除方法

常见故障	可能原因	排除方法
灯管不亮	(1)灯座触点接触不良，或电路接线松动 (2)启辉器损坏，或与启辉器座接触不良 (3)镇流器线圈或管内灯丝断裂或脱落 (4)无电源 (5)新装灯管接线错误	(1)重新安装灯管，或重新接好导线 (2)先旋动启辉器，看是否发亮，再检查线头是否脱落，排除后仍不发亮，应更换启辉器 (3)用万用表低电阻挡检查线圈和灯丝是否断路；20W 及以下灯管一端断丝，将该端的两个灯脚短路后，仍可使用 (4)验明是否停电，或熔丝熔断 (5)检查线路

（续）

常见故障	可能原因	排除方法
灯管两端发亮，中间不亮	启辉器接触不良，或内部小电容击穿，或启辉器座线头脱落，或启辉器损坏	按上述方法(2)检查；小电容击穿，可将其剪去后继续使用
启辉困难(灯管两端不断闪烁，中间不亮)	(1)启辉器规格与灯管不配套 (2)电源电压过低 (3)镇流器规格与灯管不配套，启辉电流小 (4)灯管老化 (5)环境温度过低 (6)接线错误或灯座灯脚松动	(1)更换启辉器 (2)调整电源电压，使电压保持在额定值 (3)更换镇流器 (4)更换灯管 (5)可用热毛巾在灯管上来回烫熨(但应注意安全，灯架和灯座不可触及和受潮) (6)检查线路或修理灯座
灯光闪烁或管内有螺旋形滚动光带	(1)启辉器或镇流器连接不良 (2)镇流器不配套，工作电流过大 (3)新灯管暂时现象 (4)灯管质量不好	(1)接好连接点 (2)更换镇流器 (3)使用一段时间后，会自然消失 (4)更换灯管
灯管两端发黑	(1)灯管衰老 (2)启辉不良 (3)电源电压过高 (4)镇流器不配套 (5)灯管内水银凝结	(1)更换灯管 (2)排除启辉系统故障 (3)调整电源电压 (4)更换镇流器 (5)灯管工作后即能蒸发或将灯管旋转180°
镇流器声音异常	(1)铁芯叠片松动 (2)电源电压过高 (3)线圈内部短路(伴随过热现象)	(1)固紧铁芯 (2)调整电源电压 (3)更换线圈或整个镇流器
灯管寿命过短	(1)镇流器不配套 (2)开关次数过多 (3)电源电压过高 (4)接线错误，导致灯丝烧毁	(1)更换镇流器 (2)减少不必要的开关次数 (3)调整电源电压 (4)改正接线

（续）

常见故障	可能原因	排除方法
灯管亮度降低	(1)温度太低或冷风直吹灯管 (2)灯管老化陈旧 (3)线路电压太低或压降太大 (4)灯管上积垢太多	(1)加防护罩并回避冷风直吹 (2)更换新灯管 (3)查找线路电压太低的原因,并处理 (4)断电后清洗灯管并烘干处理

四、高压汞灯

（一）高压汞灯的特点

高压汞灯，又称高压水银灯，它主要是借助高压汞气放电而散发出光。它的优点是发光效率高（约是自炽灯的3倍），耐振耐热性能好，耗电低，寿命长等；缺点是启辉时间比较长，与其他灯相比，不易适应电源电压波动，而适合安装在高度大于5m的大面积室内和室外的照明。

（二）高压汞灯的种类

高压汞灯的种类非常多，最常用到的是荧光高压汞灯（GGY型）、反射型荧光高压汞灯（GYF型）和自镇流型荧光高压汞灯（GYZ型）等。

1. 荧光高压汞灯

荧光高压汞灯也被称为高压水银灯，它的主要组成部分是灯头、石英放电管和玻璃外壳等。荧光高压汞灯有光效高、使用时间长、耐震和省电等特点。它常用于工厂、车站、码头、工地、街道、广场和运动场等场所的照明。

2. 反射型荧光高压汞灯

反射型荧光高压汞灯又称反射型高压汞灯，在它的玻璃壳内壁设有反射镀层，在使用的时候不需要单装反射灯罩就可以使光线变得集中而且均匀，与前面的灯一样，也要配备镇流器。反射型高压汞灯不仅适合广场、工厂、码头、车站、运动场等场所的照明，而且还可以作为光源用于人工气候培育室。

3. 自镇流型荧光高压汞灯

自镇流型荧光高压汞灯又称自镇流型高压汞灯，它是一种复合灯泡，主要组成部分是汞放电管、白炽钨丝和荧光层。在自镇流型荧光高压汞灯的外玻璃壳里，灯丝和发光管被串联在一起，借助灯丝电阻镇流，而不需要另外配备镇流器，所以称自镇流型荧光高压汞灯。较之带镇流器型荧光高压汞灯，自镇流型荧光高压汞灯的发光效率比较低，在使用的时候仅需直接将灯泡旋入灯座，而不需要另外配备镇流器。这种灯适合车间、工地、街道和广场等场所的照明。

（三）高压汞灯的安装和使用要求

（1）安装接线时，一定要分清楚高压汞灯是外接镇流器还是自镇流型。需接镇流器的高压汞灯，镇流器的功率必须与高压汞灯的功率一致，应将镇流器安装在灯具附近人体触及不到的位置，并注意有利于散热和防雨。自镇流式高压汞灯则不必接入镇流器。

（2）高压汞灯以垂直安装为宜，水平安装时，其光通量输出（亮度）要减少7%左右，而且容易自灭。

（3）高压汞灯的外玻璃壳温度很高，所以必须安装散热良好的灯具，否则会影响灯的性能和寿命。

（4）高压汞灯的外玻璃壳破碎后仍能发光，但有大量的紫外线辐射，对人体有害。所以玻璃壳破碎的高压汞灯应立即更换。

（5）高压汞灯的电源电压应尽量保持稳定。当电压降低5%时，灯就可能自灭，而再行启动点燃的时间较长。所以，高压汞灯不宜接在电压波动较大的线路上。否则应考虑采取调压或稳压措施。

（四）高压汞灯的常见故障及排除方法（表7.3）

表7.3 高压汞灯的常见故障及排除方法

常见故障	可能原因	排除方法
不能启辉	(1)电源电压过低 (2)镇流器不配套 (3)灯泡内部构件损坏 (4)开关触头接触不良或接线松动	(1)调整电源电压 (2)更换镇流器 (3)更换灯泡 (4)检修开关，重新接好导线

（续）

常见故障	可能原因	排除方法
突然熄灭	(1)电压下降 (2)灯泡损坏 (3)线路断线	(1)调整电源电压 (2)更换灯泡 (3)检修线路
忽亮忽灭	(1)电源电压波动在启辉电压临界值上 (2)灯座接触不良，灯泡螺口松动或接线松动	(1)调整电源电压 (2)检修灯座，重新安装灯泡，接好松动的线头
只亮灯芯	灯泡玻璃外壳破碎或漏气	更换灯泡

五、卤钨灯

（一）卤钨灯的发光原理

和白炽灯一样，卤钨灯的发光原理也是由灯丝作为发光体。不同的是，卤钨灯的灯管内充有一定比例的微量卤素物质。它是借助充填气体中的卤素物质的化学反应使灯丝发光的。

（二）碘钨灯

碘钨灯是卤钨灯中的一种。因为碘的化学活性比较弱，不会腐蚀灯丝及其支架等部分，所以寿命长、光效低的卤钨灯选择碘作为充填卤化物，也是这个原因，这种灯被称为碘钨灯。与白炽灯一样，碘钨灯的发光原理也是由灯丝作为发光体，不同的是，碘钨灯的灯管内充有数量非常少的碘。当电流通过灯丝，使管内的温度升高以后，碘与灯丝蒸发出来的钨会形成有挥发性的碘化钨，然后碘化钨会在靠近灯丝的高温区被分解成碘和钨，其中钨留在灯丝上发光，而碘又回到低温区。按照上述的化合—分解—化合过程的不间断循环，使灯的发光效率有所提高，而且使灯丝的寿命延长。

碘钨灯的优点是体积小（只是同功率的白炽灯泡体积的百分之一），使用时间长，光色好，光效高，与白炽灯泡同样方便等。碘钨灯可以替代白炽灯泡，通常被用于工厂、建筑物、体育场、车间、会场等场所的照明。

（三）卤钨灯的安装和使用要求

（1）电源电压的波动不超过±2.5%。

（2）使用时，灯管要保持在水平位置。严格来说，斜度不得大于4°，不然会损坏卤钨的循环，严重影响灯管的寿命。

（3）卤钨灯要保证在高温下的卤钨循环，不允许采用任何冷却措施。

（4）卤钨灯应配用成套供应的金属灯架，并且要与易燃的厂房结构保持一定距离。

（5）使用卤钨灯前要用酒精擦去灯管外壁的油污，不然会在高温下形成污斑而降低亮度。

（6）卤钨灯的灯脚引线必须采用耐高温的导线，不得随意改用普通导线。电源线与灯线的连接须用良好的瓷接头。靠近灯座的导线需套耐高温的瓷套管或玻璃纤维套管。灯脚固定必须良好，以免灯脚在高温下被氧化。

（7）卤钨灯耐震性较差，不宜用在震动性较强的场所，更不能作为移动光源来使用。

（四）卤钨灯常见故障及排除方法

除了会出现类似白炽灯的故障外，卤钨灯还可能发生以下故障：

1. 灯丝寿命短

主要原因是灯管没有按水平位置安装。处理方法是，重新安装灯管，使其保持水平，倾斜度不得超过4°。

2. 灯脚密封处松动

主要原因是工作时灯管过热，经反复热胀冷缩后，使灯脚松动。处理方法是更换灯管。

六、LED照明

LED是一种不需要钨丝和灯管的颗粒状发光元件，是一种新型的半导体固态光源。和普通的二极管相同，LED也是由PN结构成的，也具有单向导电性。不同的是，LED工作在一种正偏的状态，在正向导通的时候可以导致发光，因此，它是可以把电能转化为光能的一种半导体器件。

（一）LED光源的特点

现在，LED光源已经成为照明行业的新的宠儿，具有环保、节能、寿命长且使用安全等优点。

（1）LED 光源的发光效率高，大约是一般白炽灯的 13 倍。

（2）LED 光源的耗电量少，LED 的电能利用率可超过 80%以上。

（3）LED 光源的可靠性高，使用寿命长，没有玻璃和钨丝等容易受损的部件，可承受高强度的机械冲击和振动，不容易破碎，所以发生故障的概率很低。

（4）LED 光源的安全性好，属于绿色照明光源，优点如下：发热量很低，没有热辐射，能安全触摸，光色柔和，没有眩光，不含汞、钠元素等有可能会危害健康的物质。

（5）LED 是一种全固体发光体，不仅耐振、耐冲击、不易破碎，而且其废弃物可以再回收利用，没有污染。

（6）LED 光源的单色性好，色彩鲜艳且丰富，有许多种颜色，光源体积很小，可以随意组合，最重要的是，可以控制它的发光强度和对其发光方式进行调节，达到使光与艺术完美结合的目的。

（7）LED 光源的响应时间很短，响应时间仅 60ns，因此非常适合做汽车灯具的光源。LED 反应快，使得它可以在高频下工作。

（8）LED 光源是平面发光，方向性很强，LED 光源的视角度不超过 180°，所以在设计与使用的时候，一定要注意。

在室内照明领域，与传统的灯具相比，白光 LED 灯具最大的劣势是第一次购买的时候成本太高。目前在市面上流行的 LED 灯具尚且无法达到普通的灯泡所具有的亮度，因此，在室内照明这一方面主要用于商业领域，而且基本上是以装饰性照明为主，如背景照明和局部照明等。

近年，大功率、高光效和高显色性的白光 LED 照明灯具在不断地研发和逐步投产，它的光照度不断提高，成本也在不断降低，LED 室内照明进入各家各户是一个必然的发展趋势。

（二）LED 驱动电源及应用

1. LED 驱动电源的特点

无论在结构上还是在发光原理上，LED 灯都和通用的白炽灯有本质上的不同。LED 灯是被低电压电源驱动的，它的安全线路可以进行标准化，而且线路可以在任何地方以任何的形状来布置。所以，LED 驱动电路不仅要满足安全的要求，而且还一定要有以下两个基本的功能：一个是要尽可能地保持恒流特性，特别是在当电源电压发生±15%的变动的时候，仍然应该确保输出电流在±10%的范围内变动；第二个是驱动电路应该确保自身的功耗较低，只有这样，才可以使 LED 的系统效率维持在比较高的水平。

2. LED 驱动电源的分类及特性

LED 的优点是低耗能、高寿命，所以许多特殊应用都会选择 LED 作为发光源；然而，由于 LED 需要直流、低电压的电源，所以以前用来推动钨丝灯泡和日光灯的电源不适合用来直接驱动 LED 灯具。各半导体器件公司都开始从事开发各种各样的新型 LED 驱动电源来满足不同的输入电压、输出电流和 LED 数量等方面的要求。常用 LED 驱动电源的分类及特性见表 7.4。

表 7.4　常用 LED 驱动电源的分类及特性

分类标准	种类	特性
按驱动方式分类	恒流式	(1)恒流驱动电路输出的电流是恒定的,而输出的直流电压却随着负载电阻值的不同在一定范围内变化。负载电阻值小,输出电压就低;负载电阻值越大,输出电压也就越高 (2)恒流电路不怕负载短路,但严禁负载完全开路 (3)恒流驱动电路驱动 LED 是较为理想的,但相对而言价格较高 (4)应注意所使用最大承受电流及电压值,它限制了 LED 的使用数量
	恒压式	(1)当稳压电路中的各项参数确定以后,输出的电压是固定的,而输出的电流却随着负载的增减而变化 (2)稳压电路不怕负载开路,但严禁负载完全短路 (3)以稳压驱动电路驱动 LED,每串需要加上合适的电阻方可使每串 LED 显示亮度平均 (4)亮度会受整流而来的电压变化影响

（续）

分类标准	种类	特性
按电路结构方式分类	电阻/电容降压方式	通过电容降压,在闪动使用时,由于充放电的作用,通过 LED 的瞬间电流极大,容易损坏芯片。易受电网电压波动的影响,电源效率低、可靠性低
	电阻降压方式	通过电阻降压,受电网电压变化的干扰较大,不容易做成稳压电源,降压电阻要消耗很大部分的能量,所以这种供电方式电源效率很低,而且系统的可靠性也较低
	常规变压器降压方式	电源体积小,质量偏大,电源效率也很低,一般只有45%~60%,所以一般很少用,可靠性不高
	电子变压器降压方式	电源效率较低,电压范围也不宽,一般为 180~240V,波纹干扰大
	RCC 降压方式开关电源	稳压范围比较宽,电源效率比较高,一般可以做到70%~80%,应用也较广。由于这种控制方式的振荡频率是不连续的,开关频率不容易控制,负载电压波纹系数也比较大,异常负载适应性差
	PWM 控制下方式开关电源	脉宽调整型开关电源主要由 4 部分组成:输入整流滤波部分、输出整流滤波部分、PWM 稳压控制部分、开关能量转换部分。其基本工作原理就是在输入电压、内部参数及外接负载变化的情况下,控制电路通过被控制信号与基准信号的差值进行闭环反馈,调节主电路开关器件导通的脉冲宽度,使得开关电源的输出电压或电流稳定(即相应稳压电源或恒流电源)。电源效率极高,一般可以达到 80%~90%,输出电压、电流稳定。一般这种电路都有完善的保护措施,属高可靠性电源

3. LED 光源在室内照明领域的应用

(1) 室内商业气氛照明

LED 光源没有紫外线，而且节能环保，在一些商家对某些特殊产品进行展示时，是首选光源。

（2）休闲娱乐场所照明

LED 集成光源不仅全彩易控，而且能创造出静态和动态两种照明效果，对于娱乐场、美容院等场所的空间环境装潢设计来说，开启了新的思路。

（3）专业场所的照明

博物馆和美术陈列馆等场所对于照明环境的要求是比较高的。而因为 LED 是冷光源，而且在光线中不含紫外线，所以 LED 完全可以满足博物馆和美术陈列馆等特殊场所对照明的特殊要求。

（4）演播室的照明

把演播室的照明换成 LED，可以大大减少演播室在照明方面的能源利用，从而使室温降到一个更舒适的程度。

（5）酒店、宾馆照明

在酒店、宾馆的大堂或客房里使用 LED 照明产品，如图 7.3，可以带给顾客一种与众不同的感受，不仅可以节约能源，而且可以很大程度上显示豪华和温馨。

图 7.3 酒店 LED 照明

（6）会议室、多功能厅照明

智能化控制的 LED，可以调节光度，因此可以根据会议的内容来调整会议室或者多功能厅的照明，可自由设定严肃或活泼，LED 智能化照明可以使不同会议主题对光环境的要求得到满足。

（7）起居室和家庭影院照明

LED 的应用为家居照明诠释了一种新的意义。利用 LED 的灯光色彩能够烘托出一种温暖、浪漫、和谐的情调，来体现舒适和休闲的氛围。

4. LED 室内照明安装时的注意事项

（1）电源电压应该和灯具标示的电压保持一致，特别需要注意的是，确认输入电源是直流还是交流，另外，电源线路要配备与之相匹配的漏电和过载保护开关，以确保电源的可靠性。

（2）在室内安装LED灯具的时候，对防水的要求要同在室外安装保持一致，为了避免潮湿空气、腐蚀气体等进入线路，要求将产品的防水措施做好。在安装的时候，应该对所有有可能进水的部位，尤其是线路的接头位置进行认真的检查。

（3）LED灯具本身都带有公、母接头，在灯具相互串接的时候，首先要安装好公、母接头的防水圈，然后使公、母接头对接，在确定公、母接头已经插到底部后，用力将螺母锁紧就可以了。

（4）在拆开产品包装以后，要对灯具的外壳进行仔细检查，查看是否有破损现象，如果有破损，严禁将LED灯具点亮，并且采取相应的修复或更换措施。

（5）有些LED灯具是可以延伸的，要特别注意复核可以延伸的最大数量。为了避免烧毁控制器或灯具，切忌超量串接安装和使用。

（6）在安装灯具的时候，如果遇到玻璃等不可以打孔的地方，切忌用胶水等将其直接固定，而是必须通过架设铁架或铝合金架的方式用螺钉将其固定；在用螺钉固定的时候，不可以随意减少螺钉的数量，而且必须保证安装得牢固可靠，不能出现飘动、摆动和松脱等现象；切忌将灯具安装在易燃、易爆的环境中，且要保证留给LED灯一定的散热空间。

（7）在搬运及施工安装灯具的时候，切忌对灯体进行摔、扔、压、拖，切忌用力拉动、弯折延伸接头，否则，有可能造成密封固线口被拉松，致使密封不良或内部芯线断路。

（四）LED灯泡的电气连接

1. 小功率灯泡的电气连接

安装小功率LED灯泡的方法是比较简单的，通常采用的是12V直流电源供电，在室内需要灯光投射照明或者需要投光点缀照明的地方（如天花板、壁橱），用一根电源线将其与控制系统（电源）相连接，并且安装上适量的LED灯泡，就可以达到目的。

2. 大功率LED单元灯泡的电气连接

如果要在室内安装功率比较大的LED单元灯泡，通常要选择恒流源驱动器供电，也可以采用开关电源供电。

（1）恒流源驱动器供电的电气连接方法

在安装LU-PC-Φ30-1W型大功率单元灯的时候，只需要用一根电源线连接恒流源驱动器控制系统就可以了，非常方便。

（2）开关电源供电的电气连接方法

LU-PC-MP12V 型 LED 大功率单元灯泡是由单个大功率 LED 为单元的，这种灯泡采用开关电源供电时的电气连接如图 7.4 所示。

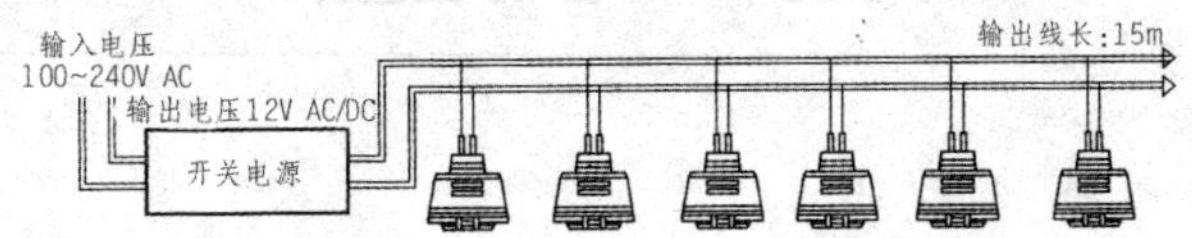

图 7.4　LU-PC-MP12V 型 LED 大功率单元灯泡电气连接

（五）LED 照明的使用要求

（1）不能反接 LED 的极性，一般情况下，正极的引线较长，负极的引线较短。

（2）在使用中，各项参数都不能超过规定的极限值。正向电流 I_F 要限制在极限工作电流 I_{FM} 值以内，而且随着环境温度的升高，使用的工作电流必须降低。如果长期使用，则温度不能超过 75℃。

（3）20mA 是 LED 的正常工作电流，电压细微的波动（如 0~1V）都会引起电流的大幅度波动（10%~15%）。因此，在设计电路的时候，为了保证 LED 处于最佳工作状态，要以 LED 的压降为依据来配对不同的限流电阻。如果电流过大，会缩短 LED 的寿命；相反电流过小，会达不到所需要的发光强度。

（4）在发光的亮度基本不发生改变的情况下，采用脉冲电压驱动能够使耗电减少。

（5）如果静电电压和电流急剧升高，会对 LED 造成损害。禁止徒手触摸白光 LED 的两只引线脚。原因是人体的静电会对发光二极管的结晶层造成损坏，在工作一段时间以后（如 10h），会造成二极管失效（不亮），甚至有时会立即失效。

（6）在给 LED 上锡的时候，为了避免静电损伤器件，必须将加热锡的装置和电烙铁接地，防静电线最好选择直径为 3mm 的裸铜线，并且要将终端与电源地线可靠地连接。

（7）如果引脚发生变形，不可以安装 LED。

（8）在通电的情况下，要避免 80℃以上的高温作业。如果不得不进行高温作业，则必须做好散热工作。

第二节 电气装置件

一、开关

因为开关大多都用于室内照明电路，所以统称为室内照明开关，同时也广泛被用于电气器具的电路通断控制。

开关的类型如下：

1. 按装置方式

可分为明装式，明线装置用；暗装式，暗线装置用；悬吊式，开关处于悬垂状态使用；附装式，装设于电气器具外壳。

2. 按操作方法

可分为跷板式、倒扳式、拉线式、按钮式、推移式、旋转式、触摸式和感应式。

3. 按接通方式

可分为单联（单投、单极）、双联（双投、三线）、双控（间歇双投）和双路（同时接通二路）。

二、插头与插座

插头、插座分为单相二极、单相三极及三相四极三种，工作电压为50V、250V和380V。

按国家标准GB 1002—2008和GB 1003—2008规定，我国插头插座是扁形的，凡是非国标形式的插头插座，都不可以被生产、销售和安装。

1. 插头

给用电器具引取电源的插接器件叫作插头。国家标准规定的插头形式是扁形插脚，旧式的圆脚插头已淘汰，特别是15A以下的圆脚插头，禁止生产和出售。为了保证用电安全，只有有绝缘外壳和低压电源（安全电压）的用电器具被允许使用两线插头，其他的有金属外壳的电器或者碰触金属部件的电器都必须采用有接地线的插头。

2. 插座

插座是互配性要求较严且形式多样的一大类器件，分明式、暗式和移动式三种类型。

（1）明装式插座　明装式插座就是普通插座，是用来装设墙面布线的。

（2）暗装式插座　暗装式插座又称嵌入式插座，供装设埋入墙内的照明线路作电源连接器件。比起明装式插座，它是非常好看的，所以被广泛应用于现代建筑电气配件中。

（3）移动式插座　移动式插座的派生品种，按其功能分线路连接、电源分路、插销形式转换三种。它的特点是带电零件不外露及使用软线连接。

三、灯座

供普通照明用白炽灯泡和气体放电灯管与电源连接的一种电气装置件就是灯座。过去习惯将灯座叫作灯头，自 1967 年国家制定了白炽灯灯座的标准后，全部改称为灯座，而把灯泡上的金属头部叫作灯头。

灯座有很多种类，而且分类方法有很多种。按照与灯泡的连接方式划分，可以分为两种：螺旋式（又称螺口式）和卡口式，这是按灯座的首要特征进行分类。若按安装方式分，则有悬吊式、平装式、管接式三种。另外，还有许多其他派生的种类，如安全式、带开关、防雨式以及带插座二分火、三分火等。

除白炽灯座外，还有荧光灯座（又叫日光灯座）、荧光灯启动器座以及特定用途的橱窗灯座等。

四、其他部件

除了开关、插头、插座、灯座外，电气安装部件还包括许多其他的附属器件，如接线盒、接线器、吊线盒、分线盒、熔断器盒等。这类部件主要用作电源线与引入电器导线之间的过渡连接。这类器件和另一类器件没有互相要求，只要满足本身的安装要求和适应配线的电流容量即可。至于它们的形式和结构，到现在为止，还没有一个统一说法。其品种规格和各自用途见表 7.5。

表 7.5　电气附属部件用途和特点

名称	外形图	规格		用途和特点
		最高工作电压/V	最大工作电流/A	
吊线盒		250	4 6 10	装在天花板上,用以连接电源与吊灯线,并能承受小型吊灯的重量
熔断器盒		250	6 10	供安装熔断器,多用瓷造或用胶木造。盖顶有孔,熔丝熔化时供气体排出
接线盒			6 10	多用作室内电话线路作中途连接,有柱式或片式接线
接线器		规格有一线至六线		用瓷或胶木造,作电线连接之用。瓷耐高温,可用于电热丝接头
分线盒		250	6 10	用于多路分接电源
灯罩卡		250	6 10	供各种螺口灯座装置灯罩用,上部的孔是起散热作用的

第三节 照明装置故障的处理

一、照明装置故障处理要点

（1）如果灯全部都不亮，应该对它的总开关和进线端进行检查，如果发生总开关跳闸或总熔丝熔断的现象，那么原因是线路或设备短路或者是由负载太大导致的。如熔断器盒内黑糊糊一片或锡珠飞溅则为短路造成，如只有熔丝中间段熔断，并有锡液流滴痕迹则为过载造成。如果经过检查发现总开关没有跳闸且总熔丝没有熔断，那么可能是进线断路，或者控制箱内开关或某处相接接触不良或松动烧坏而导致。

（2）只有部分灯不亮则为支路上或支路开关有上述故障的存在，应从支路进线及支路开关起开始检查。

（3）如果某一灯不亮，那么应该是该分路上或开关上发生了上述的某一故障，或灯具接线错误，或接触不良，或灯泡损坏，或开关损坏，特别是荧光灯必须检查其所有的接点（包括启动器、镇流器）是否接触良好。

（4）如果灯具不能正常发光，通常原因可能是接触不良，电压太低，线路陈旧，漏电及绝缘不良，或者灯泡或灯管被损坏等。

（5）检查上述故障时，最好先用万用表测量一下进线端有无电压，电压是否正常。如果没有万用表，最好使用一个好的灯泡（试灯）来试亮，如果要用试电笔，最好选择数字式的试电笔，它能显示电压值，用氖泡试电笔有时很难分辨电压的大小而导致失误。为了避免把它弄乱而影响下一步的处理，要准确地区分相线，控制相线和零线，不要随便拆卸和打开接头。

（6）检查故障时要一个回路一个回路地逐步检查，不得急于求成，要耐心细致。如果是在夜间处理故障，就应该使用临时照明，或者暂且用临时照明替代，等到白天的时候，再对它进行处理。

(7) 处理故障时常带电操作，必须注意安全，除穿绝缘鞋（图7.5）外最好站在干燥木板或凳子上。当原因确定后，应拉闸再做进一步处理。

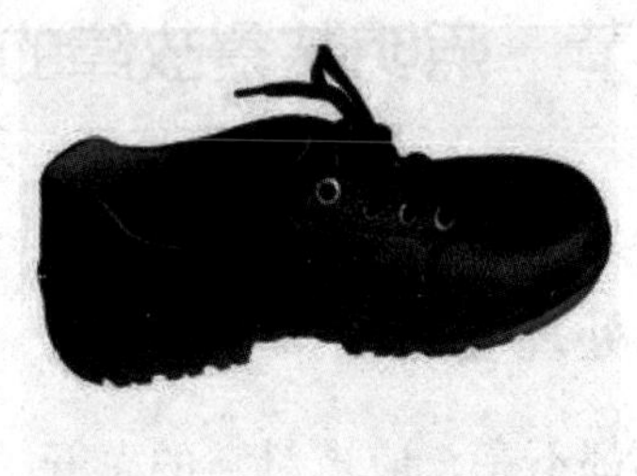

图 7.5 绝缘鞋

(8) 在处理暗装线路的时候，为了便于掌握管线的走向和布置，最好借助原施工图或竣工图。暗装线路在没有确定故障原因时，任何人不得抽取管中的导线。

二、照明电路的检查和测试

照明电路的检查和测试应按照图样依次对电源、总开关箱、分开关箱、开关、灯具、单相设备、插座以及线路进行检查和测试，要符合下列要求：

(1) 成排安装的灯具、开关、插座，其中心轴线、垂直偏差、距地高度应符合规范和设计要求，而且，同一场所的同类电器的安装标准应保持一致，明设的线路要保持横平竖直、美观整洁，如果管路要进入箱盒，要符合规程的要求。

(2) 暗装开关、插座的盖板、灯具的底座应紧贴墙面，并应用灰膏修补；明装电具的圆木、联板应紧贴墙面；不同电压的插座应有明显的标志，并符合安装规范及设计要求。

(3) 对大型灯具悬吊绞车的闭锁装置及吊扇的防松、防振措施进行检查，确保其符合要求；按前述安装接线要求抽查白炽灯、荧光灯、插座的接线是否正确紧固，如果发现一处错误或松动，应全部返工进行检查，抽查数是 10%，在灯头数较少的时候，应该是 30%。

(4) 检查开关箱（板）的安装和回路编号应符合设计要求，且开关完整有盖。

(5) 对线路的绝缘电阻进行测量，确保其符合要求；对于有接地螺钉的灯具、插座、开关、开关箱等元件，要确保接地或接零的可靠性，并确保接地电阻符合要求。

(6) 装设漏电保护开关的回路须经实地试验动作可靠。

(7) 系统地检查，确保没有不妥之处。

上述检查测试合格后，即可装设灯泡或灯管，高处或不宜更换部位的灯泡或灯管安装以前应先在下面做通电试验，只有确保发光正常以后，才可以将其装在灯具上。安装的时候，必须将灯泡拧紧，灯管如果手感松动，可在灯脚插孔内放一截细熔丝将其卡紧，启动器应接触良好。在安装灯泡的时候，如果发现灯口内中心舌片比较低或者距离螺口太近，可以把它稍微撬起一点，以防接触不良，如松动应将固定螺钉拧紧，以防短路。

三、送电与试灯

虽然与动力电路相比，照明电路的照明和试灯的动力电路容量比较小，但是也必须注意以下四点：一是送电时先合总开关，再合分开关，最后合支路开关；二是试灯时先试支路负载，然后再试分路，最后试总回路；三是选择熔丝作为它的保护开关，熔丝应该为负载额定电流的 1.1 倍；四是必须将总闸、分闸和支路开关全都拉掉以后，才可以送电。

(1) 将总开关合上，用万用表测量总开关下闸口及各分路开关上闸口的电压，相电压为220V，线电压为380V，同时要对总电能表进行观察，看其是否转动，如果转动，就说明电能表的接线存在错误或者分路开关没有断开或存在接线错误，造成负载被直接接入系统。如都正常则说明电能表不合格。总电能表不动或只有电能表本身耗电的微小潜动才正常。

(2) 合上第一分路的开关，对分表进行观察，看其是否转动，并且观察下闸口及支路开关上闸口的电压是否正常。

将第一分路的第一支路的第一只（组）灯的开关闭合，应点亮且发光正常，这个时候该支路的电能表应该正在很慢地转动，而其他的表停止转动；然后断开开关，这时，灯应该熄灭，且电能表不再转动。

将第一支路的第二只（组）灯的开关闭合，应正常，同第一只（组）灯。用同样的方法将第一支路所有的灯都一一试过，应正常。在试灯的过程中，如果出现短路跳闸或者熔丝熔断、不亮、发光不正常等现象，应及时在该灯的回路上找出错误，并且将故障的范围尽可能地缩小，以方便处理。

在把第一支路的所有灯的开关都闭合，应该显示正常，电能表正转很快，如果发生支路的熔丝熔断或断路器跳闸现象，就说明选择的熔丝有错误或者在调整断路器时存在错误。如一切都正常，这时用万用表测试所有插座的电压应与设计相符：220V 或 380V；用试电笔测试左零右相是否正确；若有单相电动机设备，应该把开关闭合，使电动机运转，然后用钳形表进行测试，保证电流正常（如果电流较小，可将负荷线在钳口上多绕几圈，测得的电流除以圈数即为被测值），调速开关转换时调速正常。在第一支路的所有负载都开始运行的时候，就需要对回流的总电流进行测量。通常全负载运行都不应该超过 2h，然后拉掉所有的开关。再把第二支路、第三支路及其所有支路按上述方法试完，应正常。第一分路试灯时，任何时候其他分路的电能表都不转动，或灯不能点燃，不然就会发生混线的现象，应该立即对问题调查，并且及时纠正，在各分路都计量电能的情况下混线的现象是不允许的。

（3）用上述方法把第二分路、第三分路及其所有分路试完，应正常。

（4）按顺序分别合上总开关、各分路开关、支路开关和电气具的所有开关，如果正常，对总开关的三相电流进行测试，应该显示近似平衡的状态，对电能表的运转情况进行观察，通过蜡片或点温计对开关的主触头进行测试，看其开关是否有发热的现象。然后按照与合上开关相反的顺序将所有的开关都断开，把所有的接线端子再紧一次，通过紧固端子，也可发现一些异常，如打火、焦煳、虚接等，应查明原因修复。最后再将所有的开关按顺序合上，试运行 8h，应正常。在试运行的时候应该安排相应的人员值班，没有人的房间应锁上。

四、照明线路故障的处理方法

在试灯的时候，因为元件材料的质量、安装、设计和环境条件等方面的问题，常会发生短路、不亮、发光不正常等事故，这些事故应及时处理，以保证试灯顺利进行。

（一）断路或开路故障

断路或开路包括两种：相线或中性线断开。造成断路或开路的原因有很多，可能是线路断线、线路接头虚接或松动，线路与开关的接线为虚接、松动或假接（如绝缘未剥尽），开关触头接触不良或未接通等。

检查断路的时候一般会采用分段检查的方法，前提是将分路的开关拉闸，并且合上总开关。

（1）检查总开关上闸口是否有电，可用试电笔测试上闸口接线端子，如发光很亮，就说明没有问题，然后用万用表进行测试，正常的话，零线的电压应该是220V；相反，如果发出的光比较暗，就说明进线有虚接或松动现象，可将接线端子拧紧，并检查接点的压接部位的绝缘层是否剥掉，有否锈蚀现象；处理后仍较暗，则说明进线有误，可到上一级开关的下闸口检查，如正常，则说明故障点在线路上；可以对这段线路的接头进行检查，看其是否保持良好，如果发现线路有断线点，则需要关掉线路电源的开关，验证无电且放电后，一端与地线封死，另一端用万用表测试，确认是否断线。断线处理，如果是架空明设，可巡视线路后将断开点重新接好；如果是管内敷线，应将导线抽出，更换新导线。如果氖泡不发光，说明进线发生断路，可以对上一级开关的下闸口进行检查，如果这里正常，就说明故障点是在线路上。如到上一级开关下闸口检查，和在总闸上闸口检查结果相同，则说明故障在上一级开关或线路上。

（2）对总开关的下闸口进行检查，如果不正常，就说明在开关处存在错误，如接触不良、假合、熔丝熔断等。如正常，可在盘上、箱内检查各分路开关的下闸口是否正常，如不正常，可在盘上、箱内检查线路或开关，因盘上线路较短很容易发现故障点。如果这些都正常，就说明由盘或开关箱送出的回路上发生了故障。

（3）上述的电压测量是在假定零线不断的情况下进行的，如果氖泡发光很亮，与零线间电压测量值为零，则有可能是因为零线断线。要证实到底是不是这个原因，可以测量相线与地线之间的电压，有的时候也从接地极直接引线来进行测量。

(4) 盘上或箱内正常后，可在送出的支路上检查，最好是将各个支路上的开关都关掉，特别是拉线开关，必须将盒盖打开才能确认是否已断开。先闭合离开关箱最近的一个开关，观察由它控制的灯是否亮着。如果亮，就说明从这只灯到总开关箱的这段线是正常的，可往下再试距这个灯最近的一个开关回路，直至最后一个回路；如不亮，则说明开关箱到这只最近的开关回路或上一个正常测试点到这只开关或灯头有断路现象。可以打开开关的盒盖，用测电笔对静触头进行测试，看其是否有电，如果测电笔很亮，就借助万用表对它的对地电压进行测试，正常的电压应为220V；如对零线电压为零，则说明这段回路中零线断线；如对零线电压正常，则说明开关虚接、开关接触不良、灯头虚接和灯头的导线断线等，一一检查，直至找出原因。

(5) 在确保电路正常以后，要对插座进行检查，看其是否正常；如果电压为零，可先用试电笔测其是否发光正常，如正常，则为零线断线，再用地线电压来证实；如无光则为相线断线。不管是哪一种情况，都应该将盒打开，检查它的接线以及插座进线始端的接头是否保持良好，这是非常重要的。

(6) 在支路上检查时，如不将所有开关都断开，或只将部分断开，而另一部分闭合，这时，用试电笔测试相线、零线，试电笔都很亮，就说明零线断线了；如果发光较暗，则说明相线虚接；如不亮则说明火线断线。但究竟哪段导线故障，还得按（4）中的方法一一检查。

(二) 短路故障

如果电路发生短路故障，在合闸后熔丝会立即熔断或者当断路器合闸后就立即跳闸。短路故障的原因，可能是线路中相线与零线直接相碰、电气具绝缘不好、相线与地相碰、接线错误、电气具端子相连等。检查短路，一般都会采取的方法是分段检查，前提是将系统中所有的开关都拉掉。

(1) 合上总开关，如熔丝立即熔断或断路器合上后立即跳闸，则说明总开关下闸口到分路开关上闸口这段导线存在短路现象，或者是从这段导线接出的回路存在短路的现象，或者因为总开关下闸口绝缘不良而直接发生短路，或者总开关的质量不合格。如正常，可将分路开关一一合上，如合某一开关，如熔丝立即熔断或断路器合不上，则说明该分路开关到各个支路开关前有短路现象；如果正常，就说明故障点在各个支路的线路里。

（2）把第一分路中第一支路距闸箱最近的一只灯的开关合上，如果分路开关跳闸或熔丝熔断，则说明故障就在这段线路里。可以先对螺口灯口内的中心舌片与螺口进行检查，看其是否接触，是否存在短路电弧的“黑迹”，可检查灯泡灯丝是否短路，可更换灯泡或用万用表测量灯丝的电阻；然后可将管口处的导线拆开，用绝缘电阻表测量管内导线的绝缘。经过以上的检查，如果没有发现故障点，就可以对开关接线进行检查，看其是否存在错误，将一零一相接在开关点上以及插座接线有误；检查接线盒内“跪头”绝缘是否包扎良好，碰壳或零线相线碰触以及管、盒内是否潮湿有水等。通常在短路点都会发现短路电弧的“黑迹”；如果仍然没有找出故障点，就是元件本身的绝缘不良或者因为污迹而造成短路等。

如分路开关不跳闸或熔丝不熔断，则说明故障不在这段线路里，应往下一只灯的回路检查，直至最后一只。

（3）检查第一支路没有发现故障的话，可以对第二支路进行检查，并且对全部支路都分别检查。

（4）用上述的方法将第一分路的开关拉闸，合上第二分路的开关，按支路一一检查，直至将第三分路及所有分路检查完毕，直至找出故障点。

检查断路与短路是一项非常需要耐心的工作，不可以操之过急，切忌乱拆乱卸或者不按照程序进行检查。晚上检查故障，必须拉上临时照明，并注意安全。检查故障应按房号分组一一检查，每组一般不超过三人。

第八章 安全用电

第一节 电工安全作业基本要求

电工是一种特种工种，不仅必须熟练掌握正规的电工操作技术，而且必须掌握相关的电气安全技术，在经过考试合格以后才可以进行独立操作。

一、电工素质要求

电工本人的专业知识程度、健康状况、技能的高低以及职业道德观念的强弱，都直接影响到生命财产的安全和自身的安危。因此，对电工的素质有以下几方面的要求：

（一）健康

凡患有以下疾病者，不可以进行电工操作：癫痫症、心脏病、精神病、严重高血压、肝昏迷、内分泌失调和四肢障碍等。

（二）较高的技术水平

因为电工专业的技术性比较强，理论知识比较深，而且操作技能可以用到专业理论的地方很多，工种涉及的知识面又较广，因此，电工要刻苦钻研，努力提高专业技术水平。

（三）团结合作

在工地现场，很多情况下，只有通过众人的合作，以及与其他工种的配合，才可以顺利地进行施工或者维修。所以，电工必须具有良好的相互密切配合的合作精神。

（四）高度的责任心

高度的责任心，是每个电工都必须具有的。在操作每一步工序时，电工都必须认真负责，否则稍有疏忽或马虎，就会留下发生电气事故的隐患。

二、电工安全操作规程

（一）停电

1. 设备停电

在工作地点，以下这些设备必须停电：

（1）检修的设备。

（2）与工作人员在进行工作中正常活动范围小于安全距离的带电设备，作业间距见表 8.1 和表 8.2。

表 8.1 高压作业的最小距离（m）

类别	电压等级	
	10kV	35kV
无遮拦作业,人体及其所携带工具与带电体之间①	0.7	1.0
无遮拦作业用绝缘杆操作	0.4	0.6
线路作业,人体及其所携带工具与带电体之间②	1.0	2.5
带电水冲洗,小型喷嘴与带电体之间	0.4	0.6
喷灯或气焊火焰与带电体之间③	1.5	3.0

注：① 不足所列距离时，应装设临时遮拦。

② 不足所列距离时，邻近线路应当停电。

③ 火焰不应喷向带电体。

表 8.2 高处作业与带电体的最小安全距离（m）

项目	带电体的电压等级(kV)					
	≤10	35	63~110	220	330	500
工器具、安装构件、导线、地线等与带电体的距离	2.0	3.5	4.0	5.0	6.0	7.0

（续）

项目	带电体的电压等级(kV)					
	≤10	35	63~110	220	330	500
作业人员的活动范围与带电体的距离	1.7	2.0	2.5	4.0	5.0	6.0
整体组立杆塔与带电体的距离	应大于倒杆距离(自杆塔边缘到带电体的最近侧为杆塔高)					

（3）工作人员身后或两侧的带电且没有配备可靠的安全措施的设备。

2. 停电范围

（1）检修线路出线开关和联络开关。

（2）可能将电源返至检修线路的所有开关。

（3）检修线路工作范围里其他带电的线路。

3. 注意事项

（1）在停电以前，工作负责人应该对电源进行检查，看是否有其他电源返回工作范围内。

（2）停电时应先停低压，后停高压；先停断路器，后停隔离开关（送电时顺序相反）。

（3）在停电以后，应该有明显的断路点（如隔离开关、刀开关等），对于没有明显的断路点的设备，应该锁住它的操作机构，或者采取其他的可靠措施。

（4）部分停电时，应将已停的变压器（包括仪用互感器）高、低压两侧断开。

（5）应该将断路器控制回路的熔断器中的熔断管取下，以防因为断路器的误动作而发生意外。

（二）验电

通过验电可以明显地验证停电设备是否确实无电压，从而防止重大事故发生。具体规定如下：

（1）在使需要检修的电气设备停电以后，接地线被悬挂以前，一定先用验电器（图 8.1）验明电气设备是否有电压。

图 8.1 指针验电器

（2）验电时，必须使用电压等级合适、经试验合格、试验期限有效的验电器。

（3）验电前，应该首先把验电器安在带电的设备上，以确保它是完好的。

（4）验电时，应在施工或检修设备的进出线的各相分别进行。

（5）如果是高压验电，必须佩戴绝缘手套。

（6）联络用的断路器或隔离开关检修时，应在其两侧验电。

（7）对线路进行验电时应逐相进行。检修同杆塔架设的多层电力线路时，要先验低压，再验高压；先验下层，再验上层。

（8）表示设备分断的常设信号或标志、表示允许进入间隔的信号、表示接入的电压表指示无电压和其他无电压信号指示，只能作为参考，不能作为设备无电的根据。

（三）装设临时接地线

为了防止工作地点突然来电，保证操作人员的人身安全，在操作前要装设临时接地线。装设临时接地线应注意下列几点：

（1）在确定施工设备没有电压后，要立刻将临时接地线悬挂在有可能来电的各侧，确保工作地点位于各组临时接地线的中间；并在可能来电的设备上（如开关或刀闸的操作手把上）悬挂“禁止合闸，有人工作”等字样的标示牌，标示牌的多少应与现场工作班组数目相同。

（2）应在使用前对临时接地线进行检查，看其是否被损坏；临时接地线的材料应该是多股软铜线，高压设备用的截面面积一般不应小于 $25mm^2$，380/220V 低压用的截面面积不小于 $16mm^2$，不准使用铝线作为临时接地线。

（3）在悬挂临时接地线的时候，应该先将接地端接好，然后再接导线端；在拆除临时接地线的时候，顺序与前面情况相反。

（4）若设备处无接地网引出线，可采用临时接地棒接地，接地棒在地面下的深度不得小于 0.6m。在装接地线或者拆接地线的时候，应该配备绝缘棒或者戴绝缘手套，以确保安全。另外，注意人体不能接触接地线或者没有接地的导体。

（5）在开关柜间隔内挂临时接地线后，应悬挂“已接地”等字样的标示牌。

（6）只要设备带有电容，如电缆、电容器等，都要在挂临时接地线之前先放电。

（7）在室内配电装置上，临时接地线应装在未涂相色漆的地方，一般均应有指定接地点。

（8）应该将临时接地线装设在操作人员工作时能够看到的地方。

（9）临时接地线与检修的设备或线路之间不应连接有断路器或熔断器。

（10）装拆临时接地线的工作必须由两个人共同完成，如果正赶上变电所是单人值班，那么，只可以使用接地隔离开关接地。

（11）严禁工作人员或其他人员移动已挂接好的接地线。如需移动，必须经工作许可人同意，并在工作票上注明。

（12）如果照明用户是由单电源供电，在对户内的电气设备进行停电检修的时候，如果进户线刀开关或熔断器已断开，并将配电箱门锁住，可不挂接地线。

（四）悬挂标示牌和装设临时遮拦

悬挂标示牌的目的是对所有人员发出有可能危及人身安全的警告；装设临时遮拦是为了防止工作人员误碰或靠近带电体，也可作为安全隔离装置。

在悬挂标示牌和装设临时遮拦的时候，通常应该注意以下几点：

（1）悬挂的标示牌和临时遮拦要符合屏护的安全要求。

（2）工作的负责人和工作人员切忌擅自将已经设好的标示牌和遮拦进行移动或拆除。

（3）在下列开关、刀开关的操作手柄上应悬挂“禁止合闸，有人工作!”的标示牌。

①一经合闸就会送电到工作地点的一些开关或刀开关。

②已停用的设备，一经合闸即可启动并造成人身触电危险、设备损坏，或引起总漏电开关动作的开关、刀开关。

③一经合闸就会造成两个电源系统并列，或者引起反送电的开关和刀开关。

（4）在以下地点应挂“止步，有电危险!”的标示牌：

①正在运行的设备周围的固定遮拦上。

②施工地段附近带电设备的遮拦上。

③正在进行电气施工而禁止通过的过道遮拦上。

④低压设备做耐压试验的周围遮拦上。

（5）在以下这些邻近带电线路设备的场所，应挂“禁止攀登，有电危险！”的标示牌：

①工作人员或其他人员可能误登的电杆或配电变压器的台架。

②离线路或者变压器比较近，而且有可能被误攀登的建筑物上。

(6) 装设的临时遮拦，距低压带电部分的距离应不小于 0.2m；户外安装的遮拦高度应不低于 1.5m；户内应该不低于 1.2m。要确保临时遮拦的牢固、可靠。

三、常用电工安全用具

电工常用安全用具一般只用于检修或操作人员操作时使用。电工常用安全用具主要有基本安全用具、辅助安全用具和检修安全用具三种。

(一) 基本安全用具

基本安全用具包括绝缘拉杆、绝缘钳等，它直接与带电体接触，具有绝缘和操作的作用。

1. 绝缘拉杆

(1) 绝缘拉杆的结构和用途

绝缘拉杆又被称为拉杆、绝缘杆、操作杆和拉闸杆。它的材料通常是浸过漆的优良木材、电木、胶木、塑料、环氧玻璃布棒或者环氧玻璃管。从构造上可分为工作部分、绝缘部分和握手部分。其中工作部分为金属钩，长度和形状便于操作，并且能保证作业时不致造成相间或对地短路，它的长度通常是 50～80mm，呈“上”字形或者 T 形。绝缘部分应该是光滑没有裂纹，而且必须是没有机械损伤的。为了携带方便，绝缘部分都制成分段式，段与段之间用螺纹连接，有的连接处镶有金属螺纹，有的则做成套筒式，使用时接上或拉出使用。从构成来说，绝缘杆的握手部分与绝缘部分是一样的。在连接的部分有非常明显的界限，甚至有的还装有隔离环。

绝缘杆主要用于操作高压隔离开关和跌落式熔断器的分合，安装和拆除临时接地线、放电操作，处理带电体上的异物，以及进行高压测量、试验、直接与带电体接触的操作等各项作业。

(2) 绝缘拉杆的使用

在使用绝缘杆以前要先检查它的外观，绝缘杆的表面应该没有裂纹、划痕、毛刺、孔洞、断裂或者机械损伤，表面应清洁干燥，并直接从保管室取出。使用绝缘杆时，必须戴上相应电压等级的绝缘手套，穿上相应电压等级的绝缘靴。在必要的时候，还必须站在绝缘垫上进行操作，有的时候还要戴上护目镜。雨雪天气操作室外高压电器时，绝缘杆上应装有防雨雪的伞形罩。电压等级低的绝缘杆不得操作高一级电压的电器，但可操作低一级的。在使用绝缘杆的时候，要准确、迅速、有力，要尽可能减少与高压接触的时间，在使用的时候应该有专人监护。

2. 绝缘钳

(1) 绝缘钳的结构

绝缘钳由三部分组成，分别是工作部分、握手部分和绝缘部分，并且均由绝缘材料制成，如电木、胶木或亚麻仁油浸煮过的优质木材制成。工作部分是一个强力的夹钳，为了方便安装或者取下，在上面有两个圆形的用来夹持高压熔断器的钳口；绝缘部分和握手部分与拉杆的要求是一样的。

(2) 绝缘钳的使用

绝缘钳一般不重，适用于一人操作使用。使用时，不得装接地线，在潮湿雨雪天，应用专用的防滑绝缘钳。

在使用绝缘钳以前，首先应该对它的外观进行检查，要保证其没有损坏而且是清洁的，并且是直接从保管室取出来的，使用绝缘钳时，必须戴上相应电压等级的绝缘手套，穿上相应电压等级的绝缘靴，必要时要站在绝缘垫上并戴上护目镜进行操作。不可以用电压等级低的绝缘钳来操作电压等级高的电器，但可以用电压等级高的绝缘钳来操作电压等级低的电器。同样，使用时应准确、迅速、有力，尽量减少与高压带电体接触的时间，使用时应有专人监护。

(二) 辅助安全用具

辅助安全用具包括绝缘手套、绝缘靴、绝缘垫、绝缘台等。辅助安全用具用以加强基本安全用具的安全特性，防止跨步电压触电或电弧烧伤，保证操作人员的安全等。

1. 绝缘手套

绝缘手套是按照它的绝缘等级来划分的。如果在电压为 1kV 以上的情况下使用 12kV 的绝缘手套，那么它只能作为辅助安全用具，不得触及带电体。在 1kV 以下使用时，可以作为基本安全用具使用。5kV 的绝缘手套只可以在低压作业的时候使用，并且只能作为辅助安全用具，而不可以触及带电体。使用时手应保持干燥及干净，应避免与锋利尖刃物及污物接触，以免损伤其绝缘能力。

2. 绝缘靴

以绝缘等级为依据，可以将绝缘靴分为以下三种：

（1）0kV 绝缘短靴是一种胶面胶靴，一般为黑色，在 1～220kV 高压范围内作为辅助安全用具，不触及高压带电体。对于电压是 1kV 以下的带电体，可以作为基本的安全用具，同时穿靴以后，人体的各个部位都不能触到带电体。

（2）6kV 矿用长筒绝缘靴是一种胶面胶靴，黑色，是适用于矿山井下操作 660V 及以下电气的辅助安全用具，同时应防止矿工脚下触电。

（3）5kV 电工绝缘鞋是一种布面的胶鞋，通常它的颜色是军绿色的，适合电工穿，在 1kV 以下作业时，它可以做辅助安全用具，在室外的时候，可以防跨步电压，但 lkV 以上的时候严禁使用。使用绝缘靴时应穿束口裤，将裤口伸到靴腰里，并保证脚或袜子的干燥和清洁，靴底一般磨损了 1/3 厚度时即不可当绝缘靴，使用时应避免与锋利尖刃物接触。

3. 绝缘垫

绝缘垫就是绝缘胶板、绝缘板。通常它的材料是橡胶，厚度不小于 5mm，表面有防滑条纹，铺设在配电装置的周围，以加强操作人员对地的绝缘，防止接触电压及跨步电压。如果作业电压为 1～220kV，可以做辅助安全用具，但是不可以触及带电体；如果作业电压是在 1 000V 以下，可作为基本安全用具，可接触有电设备。使用前应检查其破损程度，破损较大时则不能用做辅助安全用具。

4. 绝缘台

绝缘台的材料是干燥且木纹直而没有节疤的优质木条，相邻的木条之间的间隔不超过 25mm，台面用绝缘子支持，高度不小于 100mm，台面尺寸不小于 800mm×800mm，且便于携带。

在使用的时候，为了避免支持绝缘子陷入地面或斜翻，应把它置于坚硬平整的地面上，台面不能与地面上的其他物（包括草、石块等）接触。绝缘台只能作为辅助安全用具。

（三）检修安全用具

检修安全用具包括临时接地线、临时遮栏、绝缘隔板、围栏绳、标志牌、防烧伤用具及登高安全用具等。

1. 临时接地线

(1) 临时接地线的结构

临时接地线（图 8.2）的制成材料不小于 $25mm^2$ 截面积的多股软铜线和接线卡。单相接地线，上端的接线卡应便于与架空导线或配电装置的母线连接，下端的接线卡应便于与接地装置连接；对于三相接地线，上端的接线卡应该方便与架空导线相挂接，下端的三相都要和地极棒可靠连接。接线卡应有足够的夹持力，能与架空导线或配电装置的母线接触良好，一般均按电气设备导电体的形状设计制造，具有良好的适用件。

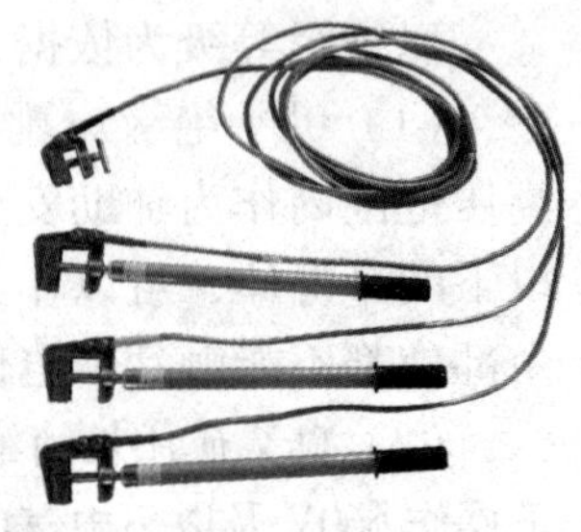

图 8.2 临时接地线装置

(2) 临时接地线的作用

临时接地线的作用有以下三点：一是在对高压线路或设备进行停电检修的时候，为防止突然送电造成危害，应将电源侧的三相架空线或母线用接地线临时接地；二是防止相邻高压线路或设备对停电线路或设备产生感应电压而对人身造成危害，或者因停电对设备或线路进行检修可能产生的感应电压而造成人身伤害，应该把停电的线路或设备的有关部位使用接地线临时接地；三是在停电后的设备上作业时，应用临时接地线将设备上的剩余电荷对地放掉，也就是放电。

(3) 临时接地线的使用

在使用临时接地线以前，应该对地线进行检查，检查它的完好性和卡子接触的可靠性，同时应该将绝缘杆准备好。

在架空线路或设备上挂临时地线时，应先确认是否已停电（电话联系或用验电器试验），只有核实确实停电后，方可挂临时接地线。要先接好临时地线的接地端，再用高压拉杆将它的另一端挂接在高压线或者相应的设备上。设备的放电同样要先确认停电，然后将地线接地端与接地装置连接，最后用绝缘拉杆将另一端与停电后的各接线端碰触，放掉剩余的电荷。

用完临时接地线后，要将其拆除，并且要经验证后，才可以送电运行。

2. 临时遮栏

（1）临时遮栏的制成材料是干燥的优质木材或者其他绝缘材料，它的高度应不低于 170mm，下边缘离地面应不大于 100mm，遮栏的设置必须牢固稳定、不易斜倒，所在的位置不应影响正常的作业。对于不大于 35kV 设备的临时遮栏来说，如因工作特殊条件的需要，可用绝缘挡板与带电部位直接接触，这种挡板必须具有良好的绝缘性能。

临时遮栏与带电体的距离不得小于表 8.3 中的规定。

表 8.3 遮栏、绝缘板与带电导体间的最小安全距离

电压等级/kV	安全距离/m		
	无遮栏	有遮栏	有绝缘板
≤1	0.10	—	可接触导体
10	0.70	0.35	可接触导体
35	1.00	0.60	
110	1.50	1.50	
220	3.00	3.00	

（2）设置临时遮栏应根据检修工作的需要而定。如果工作的对象是室内部分停电的高压设备或者母线，应在工作地点的四周及上下，凡带电间隔固定遮栏不能防护的部位都应设置临时遮栏；如果工作的对象是室外部分停电的高压设备或母线及线路，对小于表 8.3 所规定的安全距离内没有停电的设备，都应该设置临时遮拦。临时遮栏上应挂有“止步，高压危险!”的标志牌，以提示人们注意。

（3）设置临时遮栏主要是要制造出一个绝缘安全的空间，来限制作业人员的活动范围，以确保作业人员的正常操作和人身安全。因此，临时遮栏安装好后，应用验电器在遮栏内验电，只有确保安全后才可进入作业。

（4）安装及拆除临时遮栏的时候，必须要有人监护，在安装或者拆除以后，必须在由专人验收合格以后，才可以再次作业或者送电。

3. 绝缘隔板

（1）绝缘隔板的结构和特点

绝缘隔板又称绝缘挡板，也就是绝缘板。它的制成材料必须保证绝缘性能要好，形状及大小由适用而定，制成后的绝缘板必须经耐压试验合格后方可使用，试验电压应符合固体有机绝缘的规定。

绝缘隔板能够和高压带电体进行直接接触，当电压不高于35kV时可以起到临时遮栏的作用。绝缘板可以放在拉开的隔离开关的触头之间，作为防止刀开关自行落下或误合闸导致误送电的措施。

(2) 绝缘隔板的安装和使用

在安装绝缘隔板的时候应该将其安装牢固，在对隔板进行装拆的时候，操作人员必须和带电体保持一定的安全距离，10kV及以下0.35m，35kV及以下0.60m。如果因现场条件所限达不到最小距离，应按带电等级论，必须使用绝缘工具进行。

在使用安全隔板的时候，首先要检查它的完好性，在使用以后应将其妥善保管，并且要永久保证它的清洁与完好。

4. 围栏绳

(1) 围栏绳的结构

通常围栏绳的主要材料是绝缘性能和力学性能都很好的尼龙绳或者植物纤维绳，设置在检修作业地点的周围，上面悬挂一定数量的“三角小红旗”和“止步，高压危险!”的标志牌，以此作为临时遮栏的辅助措施，主要是为了避免非电气操作人员进入检修现场，起提醒人们注意的作用。

(2) 围栏绳的设置

检修室外线路或设备时，在作业地点的四周先设立特殊的专用支架，支架应用绝缘材料做成，然后要用围栏绳在支架上进行围栏，通常围栏与地面的距离是1m，至于其与作业点的距离则要根据现场的条件来决定，通常为3~5m，并且要有专门的人看管、维护。

检修室内设备时，除在设备周围设置临时围栏和检修通道外，其他部位应设置围栏绳将作业地点围起来，以防误入。

通常情况下，临时围栏绳和遮栏是一起设置的，在拆除的时候应该先将遮栏拆除，在送电无误以后，再将围栏绳拆掉。围栏绳与绝缘隔板或遮栏应在同一条件下保存，不得作为它用。

使用围栏绳前，应仔细检查绳子的质量，以免设置后出现贻误。

5. 标志牌

(1) 在停电对设备进行检修的时候，应在配电室中控制该设备的电源控制柜的开关和隔离开关操作手柄上挂上标志牌，上面写“禁止合闸，有人工作!”，开关或隔离开关的操作手柄设在室外时，应将标志牌挂在室外。

（2）在停电对设备进行检修的时候，应该在配电室中控制该线路的电源控制柜的开关或隔离开关操作手柄上挂上标识牌，上面写“禁止合闸，线路有人工作!”

（3）室外或室内检修作业地点或被检修的设备上应悬挂写有“在此工作”的标志牌。

（4）如果检修作业的地点靠近带电设备的遮栏，就要在室外检修作业的围栏上面、禁止通行的过道上（该过道有碍于检修作业）、高压试验地点、作业地点临近带电设备的横梁上等部位悬挂写有“止步，高压危险”的标志牌。

（5）要在操作人员用于上、下的铁架或者梯子上，悬挂写有“从此上下”的标志牌。

（6）作业人员上下铁架临近可能误登的其他铁架上和运行中变压器的梯子上应悬挂写有“禁止攀登，高压危险!”的标志牌。

（7）应该在已经接地的线路或者设备的隔离开关操作手柄上悬挂写有“已接地!”的标志牌。

（8）其他防止作业人员误上带电设备和误将停电设备线路送电的操作地点均应悬挂标志牌。

在悬挂好标志牌以后，应该有专人对其进行复核，并且要根据作业票或者指令对其进行核对，特别是对“禁止合闸”的标志牌必须保证准确无误，万无一失。标志牌的字迹必须工整清晰，否则应更换标志牌并有充足的备用件。

6. 防止烧伤器具

用于防止烧伤的器具主要有帆布手套、护目镜和帆布鞋盖等。在进行电器作业或者检修的时候，如更换熔断器，焊接电缆接头，浇灌电缆头，调制或补充蓄电池电解液等，都有可能受到电弧、高温的绝缘胶液、有腐蚀性的酸液的侵害，致使作业人员的眼睛或者其他部位受伤。因此，在进行这些作业的时候，务必采取一些必要的措施来避免这些事故的发生。

(1) 护目镜

护目镜是封闭型的，采用耐热、耐机械力且透明无瑕疵的光学玻璃做成，遇热不熔，受力不破，防护性能好。在进行更换熔断器、浇灌电缆绝缘胶、更换蓄电池电解液、操作室外开关设备等作业时，应戴上护目镜。戴护目镜时，应用具有弹性的带将其与眼部裹紧。

(2) 帆布手套与鞋盖

通常帆布手套与鞋盖的主要材料是亚麻帆布，亚麻帆布不易着火，而且手套很长，可以一直到肘部，使用时应将袖口伸到其内部。当操作可熔金属的熔炼、焊接、浇灌电缆绝缘胶等可能有烧伤事故的作业时，为了避免熔化了的金属或者绝缘胶溅到衣服或者缝隙中，应该戴上帆布手套和鞋盖，在必要的时候，要穿上帆布衣服。

7. 梯子、高凳

(1) 梯子、高凳的构成

梯子和高凳是非常常用的登高用具，它们的主要材料通常是木材、竹竿、钢管或铝型材，要求做得坚固、可靠、耐用。其中木制、竹制的可用于电气检修作业，而钢制、铝制的只能用于电气安装作业，即没有送电前的作业。按照结构，梯子可以分为一字梯和人字梯两种，其中一字梯又被称为靠梯。

(2) 梯子、高凳的使用

①在使用梯子的时候，梯脚与墙或与支持点铅垂线的距离应大于梯长的1/4而小于1/3。为了防止滑落，如果在光滑坚硬的地面上使用梯子，应该在梯脚上装设橡胶套；如果在土地上使用梯子，金属梯脚应做成尖状，木梯应装设铁尖。梯子的上部应便于与支持点绑扎，金属梯的上部一般做成钩形。

②高凳和人字梯的开脚都不应该太长，通常是高度的1/6~1/5，而且要用铰链或绳索将两侧之间互相拉住，它的梯脚设计与一字梯相同。

③在梯子上作业时，梯顶一般应在作业人员的腰部，不得站于梯顶作业；如果在高凳上作业，则与梯子是一样的，凳面应该在操作人员的腰部，如果不得不在顶部作业，则应该坐在顶部，严禁站于顶部。两人同时作业时，必须用人字梯或高凳，且应分别站于梯子或高凳的两侧，并遵守前述的规定。

④通常，梯子的高度有两种：3m 和 5m。如果高度不够，应该运用脚手架或者升降车。任何时候、任何人不得将两个梯子接起来使用。

⑤在使用梯子、高凳前，应该对梯子和高凳进行外观检查，不能存在破损或开裂的现象，底脚的护套应该保持良好。电工专用梯子和高凳不得外借他人使用或做它用。使用梯子、高凳、升降车作业时，下方不能站人，下面的辅助作业人员必须戴好安全帽。

8. 升降车

通常，升降车有两种：机动升降车和手动升降车。

（1）手动升降车

手动升降车在室内使用，在条件允许的条件下，也可以在户外使用。使用前应检查其钢丝绳及制动装置，使用时必须置于平地且四角应水平。

（2）机动升降车

机动升降车适用于室外。在使用之前，应在司机的配合下，对液压系统和传动系统及制动装置进行检查。使用的时候，应将车身支平稳，地面的坡度应小于 5°，且置于坚硬地面上。使用升降车时，其载荷不得超过车的允许值。

（3）注意事项

因为升降车都是金属结构，因此在检修作业的时候，操作人员必须穿戴好必要的绝缘用品，严禁在雨天进行车上作业。

升降车的产品质量应符合原机电部和劳动部的标准。生产厂必须是取得制造资质的厂家。

升降车升降时，必须观察上下有无障碍物或带电体。

9. 脚扣和安全带

在进行登杆作业时，脚扣和安全带是必须准备的安全用具，脚扣和安全带的质量一定要符合原劳动部的标准。

（1）脚扣

脚扣分木杆脚扣和水泥杆脚扣两种，均系优质钢材或铝合金钢材制成。木杆脚扣半圆形环及其根部均有向环内侧凸出的小齿，以刺入木材，起防滑作用。在水泥杆脚扣半圆环形上和它的根部都装有橡胶外套或者橡胶垫块，使其和水泥杆摩擦，以起到防滑的作用。脚扣分大、中、小号，以适用杆的粗细，如图 8. 3 所示。

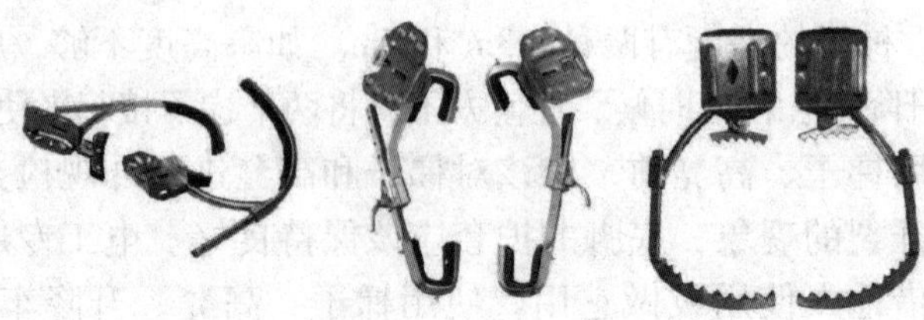

图 8.3 各种脚扣

用脚扣登杆前，先检查其质量好坏及有无破损，并且按照杆径的大小分别选择大、中、小号。在登杆的时候应该穿系带的胶鞋，在插入脚扣的登板以后，它的小皮带不能系得太紧。当左脚扣套入杆后，应用右手抱杆且左腿用力向上即登高一步，然后右脚扣套入杆后，改换左手抱杆，并且右腿用力地向上，就又登高了一步，在向上登的时候，步幅不能太大，臀部应向后用力，这样就可以用脚扣将杆卡死，就不会滑下来，周而复之，即登到作业点，然后用腰中的安全带将杆套住。只有系好安全带后，才可将手松开杆，以便作业。

（2）安全带

安全带的主要材料是皮革或尼龙材料，并配以金属钩。一般分两部分，一部分是腰带，扎在腰间以下臀部处；另一部分是与腰带连接的保险带，在作业的时候，一端与杆套好以后，另一端要与腰带相连接。

登杆时，先检查安全带有无不妥，包括金属挂钩的保险装置是否可靠，然后将腰带扎在腰下臀部以上，使保险带自由地垂下，在登到作业的位置以后，左手抱杆，双脚紧蹬脚扣，臀部要向后，右手握住保险带端部的挂钩，绕到杆后交于左手，同时右手抱杆，左手将挂钩挂在腰带的另一侧，并且要将保险装置牢牢锁住，这个时候，将杆后的保险绳拿到比腰带稍微高一点的位置，然后臀部向后，将保险带撑紧，双脚蹬紧脚扣，双手松开杆即可作业。安全带不仅可以用于登杆，而且可以用于在铁塔上、脚手架上或其他高空的作业。不管是哪种作业，保险带必须与高空中牢固可靠的物体系牢系紧，并不得碰击锋利尖刃物，以免伤及安全带。

在进行登高作业的时候，切忌杆下有人，辅助作业的人员必须戴好安全帽。完成作业后，不要将安全带、脚扣进行抛掷，否则有可能造成摔坏或变形。

第二节 触电与急救

人体是一个导电体，因为皮肤的干燥程度不同，人体的电阻会在几百欧姆到几千欧姆之间变化。当人体接触导体的时候，就会有电流从人体通过，如果电流较大的话，人体就会发生触电。触电会危害到人体，对人的呼吸系统和血液循环系统造成损害，严重的时候会对人的人身安全造成威胁。

一、触电的危害

（一）触电危害与电流、电压的关系

通过人体的电流的大小不一样，导致对人体造成的危害也不一样。如果通过人体的电流为0.6~15mA，人只是感觉发麻；而当电流的大小为5~7mA的时候，会造成人体的肌肉的自动收缩，从而出现痉挛；如果电流的大小为10~30mA，会导致肌肉发生严重的痉挛；而如果电流的大小为30~100mA，人就会出现昏迷、肌肉麻痹的现象，这时的触电者无法自主地离开带电体；当电流增大到超过100mA时，会致使人的心脏停止，如果不及时进行救护，很快就会死亡。

当通过人体的电流不超过30mA的时候，因为人体会发生痉挛，所以可以自已脱离带电体，不至于给人体造成更加严重的伤害，因此，人们通常认为，小于30mA的电流都是安全电流。电流通过人体的多少和人体本身所接触到的电压有直接的关系，电压变得越高，电流就会越大，对人体造成的伤害也就会变得越大。人体的平均电阻是1 700Ω，最大安全电流为30mA，由此可以得出，通常对于人体来说，安全电压的上限约为50V。

（二）触电危害与触电时间的关系

触电的伤害还和触电的时间长短有关系，即触电的时间越长，对人体造成的伤害就越大，因此，在触电事故发生以后，应该尽可能快地使触电者脱离带电体。

二、常见触电事故及处理

（一）常见触电事故

当人体与带电设备接触时，或者与有不同电位的两点接触的时候，人体就会有电流流过，从而对人的生命安全造成威胁。常发生的触电事故有以下几种形式：

1. 单相触电

当人位于地上接触到三相导线中的任意一根相线后，电流从接触相线通过人体流入大地而发生的触电事故就是单相触电。现在发生的触电死亡事故大多是因为单相触电造成的。通常是因为电器与导线本身存在缺陷，不小心被使用者触到时造成的。

2. 两相触电

当人体同时接触两根相线时，电流直接通过人体从一根相线流入另一根相线而发生的触电事故就是两相触电。对于三相交流电，当发生两相触电的时候，人体会承受线电压，这种线电压是相电压的1.73倍，因此和单相触电相比，两相触电更加危险。

3. 跨步电压触电

在一相导线接触地面的时候，电流会从接地点流到地下，从而以接地点为中心辐射向四周，如此一来，在离接地点远近不同的点之间就会形成电压降。这时，假如人位于接地点的附近，因为人体接触地面的两脚距离接地点的远近不一样，在双脚之间就会有电压降形成，人的双脚和身体就会有电流通过，从而引起触电，这种触电事故就是所说的跨步电压触电，如图8.4所示。

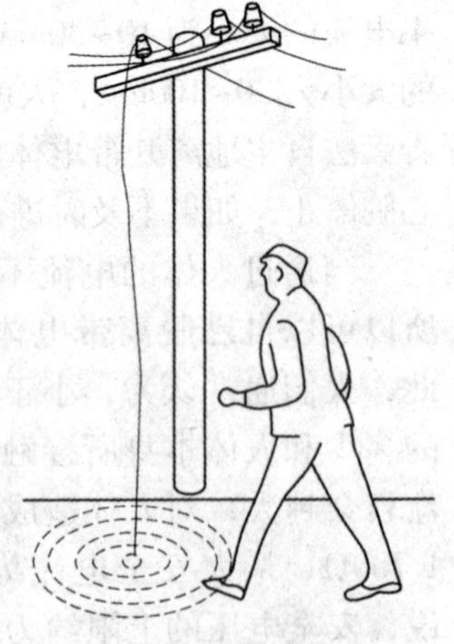

图8.4 跨步电压触电

当人体受到跨步电压触电以后，会发生两脚抽筋的现象，如果因此而站立不稳导致跌倒，后果会非常严重。发生这种情况时，应该将双脚并拢，或者将一只脚抬起，尽快跳出带电区域。如果发生跨步电压触电的是牲畜，因为它的步幅更大，而且流到身体上的电流会通过心脏等非常重要的器官，因此对它造成的危害就会更大。

（二）触电事故的处理

1. 迅速脱离电源

如果发生了触电事故，首先要想方设法使触电者与电源脱离。根据现场实际情况的不同，可以选择的使触电者脱离电源的方式有断开电源、切断和挑开电线以及拉开触电者等。

断开电源就是将电源的开关断开或者将电源的插头拔掉。在将开关断开时，应该注意的是，因为开关有被误接在零线上的可能，即使是将开关断开也不能使触电者和电源相脱离，因此，附近如果有刀闸或保险盒，要将它们同时断开。

如果触电者的附近不存在开关，就可以采用切断和挑开电线的方法使触电者与电源相脱离。在将电线切断和挑开的时候要注意，应该选择绝缘性良好的工具或物体。可以借助绝缘钢丝钳或绝缘断线钳等工具将电线剪断，也可以借助干燥的木柄锄头或木柄铁锹等工具砍断电线。为了避免被切断的电线接触到救助人员又一次发生触电，救助人员要站在干燥的木板上或者穿上胶鞋。如果要将导线挑开，一定要保证使用物体的绝缘可靠，可以使用干燥的木凳、木棒、竹竿等，同时要注意避免使挑开的电线接触到自己或者他人。

若造成触电的电源的电压是比较低的，而且不能用上面所提到的办法使触电者与电源脱离，可以在戴上绝缘手套、穿上胶鞋的前提下，尽量站在木板或胶皮上，用一只手拉开触电者，让他脱离电源。

若短时间内没有办法使触电者与电源脱离，则可以在触电者的身体下面插入干燥的木板，以使他与大地隔离开。

但是特别需要注意的是，若是高压触电，就应该将高压开关迅速断开，而不应该试图将电线切断或挑开，在这个时候，应该将绝缘手套戴好，将胶鞋穿好，并且要使用可靠的绝缘物。

2. 触电救护

在将触电者与电源脱离以后，要根据实际情况进行及时救护。

（1）在触电者还有知觉，或者在脱离电源以后很快就恢复了知觉的情况下，如果触电者的呼吸、心跳都正常，应该让触电者安静地休息，并对他进行 1~2 小时的观察，然后等待医生检查；如果触电者的呼吸、心跳不正常，则要立即送到医院进行治疗。

（2）如果触电者已经没有知觉，但呼吸和心跳都没有停止，应该让他平躺，并且保证空气的畅通，然后等医护人员到来；如果触电者心脏尚在跳动，但不再呼吸或者呼吸困难，应该就地及时对他进行人工呼吸抢救，并且立刻请医护人员对他进行救护；如果触电者的呼吸和心跳都已经停止，就应该一边进行人工呼吸，一边进行心脏按压，并立即请医护人员到现场进行救护。需要注意的是，在进行人工呼吸和心脏按压的时候，应注意不要停顿，即使是在送往医院的途中也不能停止。不能轻率地断定触电者已经死亡，而是要坚持抢救，直到触电者苏醒过来或者医护人员到现场。

三、常用防触电措施

1. 使用安全电压

有些带电设备需要裸露在外，为了防止触电，这些设备应使用安全电压。我国规定了 42V、36V、24V、12V、6V 五个等级的安全电压，用于不同的用电场合。在普通的建筑物中可以使用 36V 和 24V 的安全电压，在一些触电危险很高的场合和建筑物中，应该使用 12V 和 6V 的安全电压。

2. 隔离带电体

使带电体离开人体也是一种常用的防触电措施，这种措施包括三种：绝缘、屏保、间隔等。

（1）绝缘

绝缘就是使用绝缘材料对带电体进行封闭和保护，以使带电体离开人体。这不仅是一种防止触电的安全措施，而且是一种最为常用的防触电措施，同时也是确保线路和电气设备可以正常运行的有力保证。最常用的绝缘材料有瓷、玻璃、橡胶、塑料等。但需要注意的是，必须使绝缘材料的机械和绝缘性能与用电环境、承受电压等相适应，只有这样才可以更好地防止触电。

（2）屏保

屏保是一种防止触电事故发生的安全措施，通过屏保设施可以使带电体与外界隔开，以防人体接触到带电体。在没有办法对带电体使用绝缘措施的情况下，可以使用屏保措施。对于高压设备来说，在使用绝缘措施以后，还要对其采用屏保措施。遮栏、护罩、箱匣、栅栏等都是经常用到的屏保设施。屏保设施的用途不仅仅是防触电，有时还可以起到防止电弧、方便检修等作用。

(3) 间隔

间隔是一种防止人体与带电体接触，以防止发生触电事故的安全措施，它可以确保带电体与人体之间一直保持安全距离。对于一些容易接近的带电体，应确保其位于人的手臂可以触及的范围之外。例如，将输电线路架空或者将灯管安装在天花板上等都是间隔措施。

第三节 接地与接零

接地和接零是一种安全用电的保护措施，接地线和接零线不仅是电气设备的安全线，而且是人身的生命线。所以，是否合理地进行接地和接零，和人身和电气设备的安全有着直接关系。

一、接地与接零基本常识

(一) 接地

接地就是用金属导线将电气设备需要接地的部分，与埋入地中（直接接触大地）的金属导体可靠地连接起来。

(二) 地线

地线就是连接电气设备金属外壳与接地体的导体线。

(三) 零线

零线就是与变压器或发电机直接接地的中性点相连接的导线。

(四) 接地电流

接地电流就是当发生接地短路或碰壳短路时，经接地短路点流入地内的电流。

（五）接地电阻

接地电阻就是指人工或自然接地体的对地电阻与接地线电阻的总和。

（六）三个电压

1. 对地电压

当电气设备发生碰壳短路的时候，接地短路电流就会通过接地装置而流入大地。在这个时候，电气设备的接地部分（如接地外壳、接地线和接地体等）与大“地”间的电位差，就被称为对地电压。

2. 接触电压

接触电压就是在接地短路电流的回路上，一个人同时触及不同电位的两点所承受的差。

3. 跨步电压

跨步电压就是在距接地体 20m 范围内，人的两只脚之间的电位的差。跨步的大小与接地体的距离都关系到跨步电压的大小。我们将一般人的跨步按照 0. 8m 来考虑。

（七）四个接地

1. 工作接地

为了确保电气设备可靠地运行，把电力系统中的变压器低压侧中性点接地，叫作工作接地，如图 8. 5 所示。

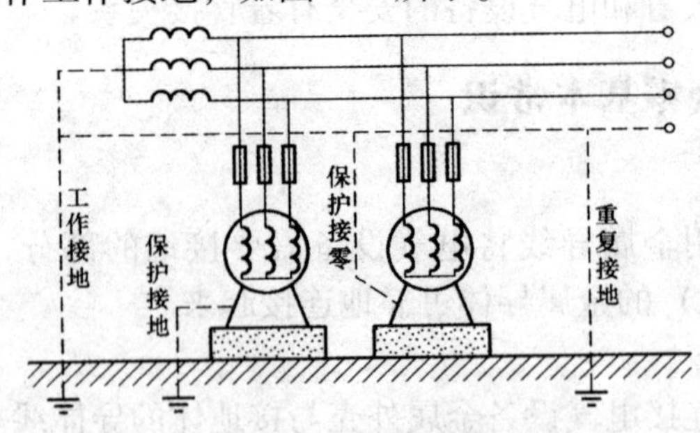

图 8. 5　接地与接零

2. 保护接地

为了避免电气设备的绝缘被损坏而导致触电事故的发生，用导线把电气设备不带电的金属部分与接地装置连接起来，叫作保护接地，如图 8. 5 所示。

3. 重复接地

重复接地就是除了运行变压器低压侧中性点接地外，零线上的一处或多处再行接地，如图 8.5 所示。

4. 防雷接地

防雷接地就是为泄掉雷电流而设置防雷接地装置。

二、接地与接零的要求

（一）接地与接零的一般要求

（1）应该将所有的电气设备都装设上接地装置，而且要对电气设备的外壳进行接地和接零，以保证人身的安全。

（2）通常情况下，各种电气设备的保护接地、工作接地和过电压保护接地，都可以使用一个总的接地装置，它的接地电阻应该满足其中接地电阻要求最小值的规定。

（3）在电压小于 1kV 的中性点直接接地的电气装置中，为了确保在短路的时候可以快速可靠地将故障点自动断开，除了电气设备的外壳另有规定外，其他的部件都必须与电气设备的接地中性点有金属连接。

（4）电气设备的人工接地体（如管子、扁钢和圆钢等）应该尽量使电气设备所在的地点附近对地电压均匀分配，大接地短路电流电气设备必须装设环形接地体，并且加装均压带。

（二）共同与分开的接地、接零要求

（1）对于同一电压而且有电气连接的系统，所有的电气设备都应该选择共同的接地，也就是说，在接地装置之间要有电气连接，不可以单独接地。

（2）对于由同一发电动机组、同一变压器或者同一段母线供电的线路来说，应该选择相同的接地工作制。

（3）在同一车间，高于 1kV 和低于 1kV 的用电设备应该选择共同接地，另外，当中性点工作制不一样的时候，也应该选择共同接地。

（4）如果统一接零存在困难，应该在不接零的电气设备或者线段上装设可以使故障点自动断开的漏电保护或者继电保护装置。

（5）应该将防雷接地与电气设备的工作接地、保护接地分开，并且要保持特定的安全距离，以防止反击。

（三）重复接地的要求

（1）如果在中性点直接接地的低压线路中存在下列情况，其零线应该进行重复接地：长于200m的架空线分支处和分支线末端；架空线末端；没有分支线的每隔1km的直线段。

（2）如果高低压线路是共杆架设，应该将共杆架设段的两端终端杆上低压线路的零线进行重复接地。这时候如果低压线引出支线的长度大于500m，也要对分支处零线进行重复接地。

（3）如果是用电缆的金属外皮做零线，而不是用专用的芯线做零线，那么低压电缆线路要进行重复接地，它的要求和架空线是一样的。

（4）为了等化电位和减少接触电压，应该用接地线将车间内金属结构和地下管道等连接起来，构成环形重复接地，但是整个车间还应配备必要的集中重复接地装置。

（5）应该在线路引入车间和大型建筑物的第一面配电装置处（进户处）进行重复接地。

（6）在采用金属管配线的时候，在金属管与保护零线连接以后，要进行重复接地；在选择塑料管配线的时候，要另外敷设保护零线并且进行重复接地。

（7）当工作接地的电阻不超过4Ω的时候，每处重复接地的电阻都要比10Ω大；在配电变压器的容量不大于100kV·A、变压器低压侧中性点工作接地电阻比10Ω小的场合，每一个重复接地电阻都可以不超过30Ω，但是不应该少于3处。

（四）特殊设备的接地要求

（1）携带式用电设备应该选择该设备特备的专用芯线接地，不能利用附近的零线做接地，应该分别将零线和接地线单独与接地网进行连接。

（2）一般的工业电子设备都应该有单独的接地体，而且接地电阻不应该大于 10Ω，接地体距离设备不应该大于 5m。

（3）由中性点不接地系统供电的电弧炉设备，它的外壳和炉壳都要接地，且接地电阻应不超过 4Ω，接地线应该是截面面积不小于 16mm^2 的钢绞线；由中性点接零系统供电的电弧炉设备的外壳和炉壳都应该选择保护接零。

（4）对于直接设备中经常不流过直流的系统，对保护接地和接零的要求和交流设备是一样的；如果直流设备非常少，通常都会选择中性点绝缘系统，这时候对保护接地的要求和交流是一致的。

为了保证在设备外壳上发生接地的时候可以迅速切除故障，应该在整流器的一极或中性点接地时采用接零系统，或者装设接地短路继电器。

通常情况下，不会采用接地的方式，而是选择加强绝缘的方法，以降低大型电解槽的泄漏电流。

（五）电气设备的接地或接零

1. 需要接地或接零部位

（1）开关设备、照明器具、移动式电气设备、电动机、变压器、电动工具的金属外壳或者构架。

（2）电气设备的传动装置，例如，开关的操作机构等。

（3）电压互感器以及电流互感器的二次线圈（继电保护另有要求的时候除外）。

（4）接近带电部位的金属遮拦、金属门、室内外配电装置、控制台等金属构件。

（5）电缆终端盒外壳、电缆金属外皮以及金属支架。

（6）一些安装在配电线路杆塔上的电气设备，例如熔断器、保护间隙、避雷器、电容器等金属外壳以及钢筋混凝土杆塔等。

（7）封闭母线的外壳和其他裸露的金属部分。

（8）电热设备的金属外壳。

2. 可不接地或接零的部位

（1）在地面的导电性不良（木质、沥青等）的干燥房间里，如果交流电压不大于 380V 或者直流额定电压不大于 440V，电气设备的金属外壳不需要进行接地，但是如果维护人员因为某种原因，同时可以触到其他电气设备中已经接地的物体时，就应该进行接地。

（2）在干燥地方，如果交流额定电压不大于127V或者直流额定电压不大于110V，电气设备的外壳不需要进行接地，但是存在爆炸性危险的设备除外。

（3）电压不大于220V的蓄电池室内的金属框架。

（4）如果电气设备和机床的机座间可以可靠地接触，那么可以把机床的机座进行接地。

（5）在已经接地的金属架构上和配电装置上可以被拆下来的电器。

（六）接地电阻要求值

电力设备和电力线路接地电阻的要求值见表8.4。

表8.4 电力设备和电力线路接地电阻的要求值（Ω）

序号	名称	接地装置特点	接地电阻值
1	1kV以上大接地电流电力线路	仅用于该线路的接地装置	$R_e \leqslant \frac{2\,000}{I_e}$ 当 $I_e > 4\,000$A，可取 $R_e \leqslant 0.5$
2	1kV以上小接地电流电力线路	仅用于该线路的接地装置	$R_e \leqslant \frac{250}{I_e} \leqslant 10$
3		与1kV以下线路的共同接地装置	$R_e \leqslant \frac{250}{I_e} \leqslant 10$
4	1kV以下中性点直接接地电力线路	与容量在100kV·A以上的发电机或变压器相连接的接地装置	$R_e \leqslant 4$
5		序号4的重复接地装置	$R_e \leqslant 10$
6		与容量在100kV·A及以下的发电机或变压器相连接的接地装置	$R_e \leqslant 10$
7		序号6的重复接地装置	$R_e \leqslant 30$
8	1kV以下中性点不接地电力线路	与容量在100kV·A以上的发电机或变压器相连接的接地装置	$R_e \leqslant 4$
9		序号8的重复接地装置	$R_e \leqslant 10$
10		与容量在100kV·A及以下的发电机或变压器相连接的接地装置	$R_e \leqslant 10$
11		序号10的重复接地装置	$R_e \leqslant 10$

（续）

序号	名称	接地装置特点	接地电阻值
12	引入线上装有25A以下的熔断器的小容量线路	任何供电系统的接地装置	$R_e \leqslant 10$
13	高低压电气设备	联合接地	$R_e \leqslant 4$
14	电流、电压互感器	二次线圈接地	$R_e \leqslant 10$
15	高压线路	保护网或保护线接地	$R_e \leqslant 4$
16	电弧炉	单独接地	$R_e \leqslant 4$
17	工业电子设备	单独接地	$R_e \leqslant 10$
18	p大于$500\Omega \cdot m$高土壤电阻率地区	1kV以下小接地短路电流系统电力设备接地装置	$R_e \leqslant 20$
19		发电厂和变电所接地装置	$R_e \leqslant 10$
20		大接地短路电流系统发电厂和变电所装置	$R_e \leqslant 5$
21	无避雷线的架空线	小接地短路电流系统钢筋混凝土杆、金属杆接地装置	$R_e \leqslant 30$
22		低压线路钢筋混凝土杆、金属杆接地装置	$R_e \leqslant 30$
23		零线重复接地	$R_e \leqslant 10$
24		低压进户线绝缘子铁脚接地装置	$R_e \leqslant 30$

三、接地的安装

（一）接地装置

1. 接地体

接地体就是埋入地中并直接接触大地的金属导体。接地体可以分为两种：自然接地体和人工接地体。其中，自然接地体就是为了其他用途而装设的并与大地可靠接触的金属桩、钢筋混凝土基础等，用来兼作接地体的装置；人工接地体就是因接地需要而特意安装的金属体。

2. 接地线

接地线就是电气设备与接地体之间连接的金属导线。其中自然接地线就是为了其他用途而装设的金属导线，用来兼作接地线；人工接地线就是为了接地需要而安装的金属导线。接地线可以分为两种：接地干线和接地支线。

（二）接地装置的安装

人工接地体有两种安装形式：垂直和水平。

1. 垂直接地体的安装

（1）垂直接地体的制作

通常垂直接地体的制作材料是镀锌角钢或钢管。其中角钢的厚度应不小于4mm，钢管壁的厚度应不小于3.5mm，有效截面积应不小于48mm^2。多极接地体（或接地网的接地体）之间应该保持的直线距离为2.5～5m。接地体和接地线要焊接牢固。焊缝应不小于200mm，并且必须是双面焊接。

（2）垂直接地体的安装

选择打桩法，将接地体打入地沟，接地体要垂直于地面，且有效深度应不小于2m。应该用锤子对角钢的角脊线处进行敲打，如果接地体是钢管，则应使锤击力集中在尖端的顶点位置，在将接地体打入地下以后，应该将新土填入接地体的四周，并且要将其夯实，以减少接地的电阻。

2. 水平接地体的安装

水平接地体的材料多是Φ16mm的圆钢或者40mm×4mm的扁钢。经常见到的水平接地体有带型、环型和放射型三种，如图8.6所示。水平接地体的埋设深度一般为0.6～1m。

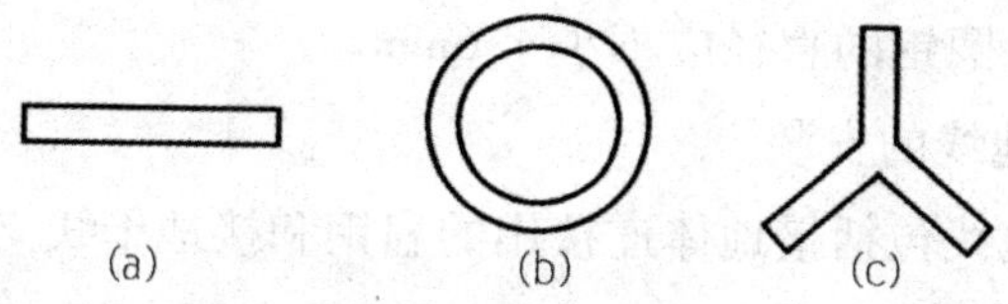

图 8.6 水平接地体

(a) 带型 (b) 环型 (c) 放射型

(1) 带型接地体

带型接地体大多是由几根水平安装的圆钢或者扁钢并联而成的，其埋设的深度应不小于 0.6m，它的根数和每根的长度都是根据设计来确定的。

(2) 环型接地体

环型接地体是由圆钢或扁钢焊接而成的，应进行水平埋设，其埋设深度要大于 0.7m，它的直径大小都是根据设计确定的。

(3) 放射型接地体

放射型接地体的放射根数大多是 3 根或 4 根。其埋设深度应不小于 0.7m，每根射线的长度也是根据设计来确定的。

3. 接地线的安装

(1) 材料的选用

为了确保连接的可靠性，并且有一定的机械强度，通常人工接地线的制作材料是圆钢或扁钢，但是严禁用裸铝导线做接地线。

①配电系统工作的接地线

变压器低压侧中性点的接地线应该选择截面不小于 $35mm^2$ 的裸铜导线，当变压器的容量小于 100V·A 的时候，其接地线的截面可选择 $25mm^2$ 的裸铜导线。

②电气设备金属外壳保护接地线

接地线的制作材料截面应该和设备的电源线一样。

③接地干线

一般接地干线的制作材料是扁钢或圆钢，扁钢的截面应不小于

4mm×12mm，圆钢的直径应不小于6mm。

（2）接地线的安装

安装接地线包括接地体连接用的扁钢和接地干线支线的安装。

在接地网中各接地体之间的连接干线要用扁钢宽面进行垂直安装，连接处应该尽量选择焊接并且要加镶块，将焊接的面积增大。如果没有焊接条件，可以用螺钉进行压接，但是首先要在接地体的上端装设接地干线连接板。连接板必须进行镀锌或者镀锡处理，螺钉也要选择镀锌螺钉。在安装的时候，应该确保接触面的平衡、严密，不可以留有缝隙，要将螺钉拧紧。有的场所会发生震动，应该在螺钉上加弹簧垫圈。

第四节 雷电的防护

一、雷电的危害形式

（一）直接雷击

直接雷击就是雷电直接对建筑物或其他物体放电，产生具有很大破坏性的热效应和机械效应，如图8.7所示。当设备或者线路遭受到直接雷击的时候，产生的过电压有时可以高达几百万伏，会对设备造成非常大的危害。

如果是架空线路受到雷击，不仅架空路线本身会遭到严重的损害，而且还会使雷电沿着导线被传输到发、变、配电所，对发、变、配电所的正常运行造成危害，有可能造成电力系统的部分甚至全部瘫痪，在严重的时候，还会引发火灾，将电气设备损毁，引起建筑物的倒塌等。

图 8.7 直接雷击

（二）感应雷

感应雷就是落雷处邻近物体因电磁感应或静电感应产生的高电位所引起的放电。当架空线路、建筑物或构筑物的上空有雷雨云的时候，在架空线路、建筑物或者构筑物上就会感应出和雷雨云所带的电荷极性相反的电荷。当雷雨云向其他的地方放电以后，云与大地之间的电场就会消失，但是聚集在建筑物或构筑物顶部以及线路上的电荷不会立刻就散去，而是向地面流散或者向线路的两端流动。在这时候，建筑物或构筑物顶部以及线路就会对地面产生很高的电位，从而形成感应过电压。这种感应过电压经常会导致屋内的电线、金属管道或大型的金属设备放电，引发火灾或爆炸，有可能威胁到人的生命安全或者损坏供电系统。

（三）雷电侵入波

雷电侵入波就是当架空线路或金属管道遭受直接雷击或感应雷时，高压冲击波将沿线路或管道的两个方向迅速传播雷电波。这种高压冲击波有可能损伤电气设备的绝缘，也有可能造成金属放电，引发火灾等事故，或者产生高电压而威胁到人的生命安全。

二、防雷措施

（一）防护直接雷击

建筑物受到雷击的部位与屋顶坡度有关，如果建筑物是平屋顶，那么它受雷击的部位是屋顶四周，尤其是屋顶的四角，受到雷击的可能性最大。如果建筑物的屋顶是15°的坡屋面，那么受到雷击的部位应该是两端的山墙屋檐，同样，屋顶的四角受到雷击的可能性最大。如果屋顶是30°的坡屋面，那么受到雷击的部位应该是屋脊和两端山墙，其中屋脊的概率最大。如果屋顶是45°的坡屋面，那么受到雷击的部位基本不在屋脊，而是在屋脊的两端。通常情况下，建筑物顶上的避雷针的避雷带、网的接地电阻都要比10Ω小，对于一些土壤电阻率比较高的地区可以比30Ω小。如果是钢筋混凝土屋面，可以利用钢筋做防雷装置，但是钢筋的直径应不小于4mm。每座建筑物都应该有至少两根接地引下线，引下线的间距应为30~40m。引下线支持卡之间的距离为1.5~2m。

（二）防护高电位侵入雷

在进户线的墙上安装保护间隙，或者把瓷绝缘子的铁脚接地，它的接地电阻应比20Ω小，可以将其和防护直击雷的接地装置连在一起。

（三）安装接闪器

接闪器是一种专门用来接受雷击的金属体，例如避雷线、避雷针、避雷带和避雷网等，它们都是通过引下线与接地体相连的。

1. 避雷针

避雷针的制成材料是镀锌圆钢或镀锌焊接钢管。避雷针要用引下线与接地体相连，必须用焊接的方法来连接避雷针、引下线和接地极，而且要在焊接的地方涂上沥青防腐漆。

2. 避雷带和避雷网

避雷带和避雷网的主要制成材料是镀锌圆钢或扁钢。它们的主要作用是用来保护建筑物不会受到直接雷和感应雷的侵害。